少年黑客

第一辑 1

-下-

神威的穿越拯救

王海兵 / 著

加入少年黑客
守护人类未来

U0281126

电子工业出版社·
Publishing House of Electronics Industry
北京·BEIJING

第 10 章
人脸识别系统失灵了

......什么是人工智能对抗攻击.........

小 G 他们在看到光头后，刚想转身往回走，却发现长发从后面迎了过来。小 G 赶紧通过眼镜向神威呼救，他小声说道："神威，我们在弄堂里遇上那两个坏蛋了，赶快来救我们。"

"收到，我马上报警。"

长发和光头围了上来。光头满脸怒气地对小 G 说道："你小子竟然敢欺骗我们老大，吃了豹子胆了！"

大 K 冲了上去，把小 G 护在身后，小美顺势躲在小 G 的身后。大 K 大声地对光头说："你们想干什么？"

小 G 则显得十分淡定："我什么时候欺骗你们老大了？"

"你明明说不学黑客技术了，我都听见了！"

长发也帮腔道："我也听见了！"

"可是你现在还在学！"光头恶狠狠地说，"欺骗我们老大可不会有好果子吃！"

小 G 装作不知道的样子说："奇怪了，我什么时候跟你们说我不学了呀？"

"你不是跟我们说的，但是我就是听见了！"光头说道。

"对，我们偷听了！"长发说漏了嘴。

小 G 嘿嘿一笑。

　　光头瞪了他一眼，对小 G 说："最近网上各大黑客论坛都有一个叫作'少年黑客'的 ID，我们老大说这个 ID 就是你！"

　　小 G 心想，还好，他们只是针对我来的，不知道少年黑客有三个人。于是，他仍然很从容地问："你们到底想干什么呢？"

　　光头的语气缓了一些，说道："我们老大觉得你是个可造之才，还说这年头要找个有天赋的黑客不容易。你别跟神威学了，跟我们老大学吧，我们老大的技术可比神威厉害多了！你应该也见识过我们老大的一剑封喉了，打得神威没有还手之力。你跟我们一起，都跟着腊肠老大吧！将来等差分机大人把人类通通管理起来后，你可以协助他。差分机大人会给你很好的待遇，你觉得怎么样？"

　　小 G 刚想严词拒绝，就有一位警察出现在弄堂口，朝他们这边大声喊道："你们干什么呢！"

　　光头和长发一看警察来了，立刻飞快地朝着弄堂的另一边跑去，很快就不见踪影了。

　　警察跑过来，关切地问着孩子们："小朋友们，没事吧？"

　　"谢谢警察叔叔！"小美说，"没事了，刚才那两个坏蛋想欺负我们。"

"没事就好，你们住哪里？"

"就在前面的小区。"小美回答。

"我送你们回去吧。"警察护送着三个孩子回到了小 G 家所在的小区。

到了小 G 家，他先把声音屏障打开，覆盖了房间，防止窃听器获取声音。然后，他迫不及待地问神威："神威，为什么这次人脸识别系统没有通知我呢？"

神威也没有料到监控会失效："是啊，我也觉得挺奇怪的，人脸识别系统居然没有发现他们的踪迹。他们是不是整容了呀？"

大 K 说："没有啊，他们俩还是和上次见到时长得一样，我一眼就认出来了。人脸识别系统怎么会认不出他们呢？"

"是啊！"小美也说，"神威，我记得你之前还说过，现在人脸识别系统的识别能力比人类的都强了。"

"嗯，一般来讲，确实是这样的，"神威停了一会儿，问道，"他们有什么奇怪的地方吗？"

小 G 想了想说道："要说奇怪的地方……也有，那就是他们的衣服图案好像有点儿不寻常。"

大 K 也回忆起来："对，我也觉得他们的衣服图案挺怪异的。"

神威问道："怎么怪异？大 K 你能描述一下吗？"

"他们的衣服看起来像是水泥路一样。对了，他们俩的脸上还有一些大小不一的带颜色的点点。"

小 G 也补充说："是的，有点像画家在绘画时不小心把颜料弄到脸上的那种点点。"

神威恍然大悟："我知道了，这是一种针对人脸识别系统的对抗攻击。"

对抗攻击？是他们在对抗人脸识别系统吗？

对。当科学家使用人工神经网络来识别图像取得了很好的效果时，有研究者发现，人工智能在某些情况下会识别错误，而且错得很离谱。比如，有一张图片，上面有一只大熊猫，人工智能可以顺利地将其识别出来。随后，研究者对图片稍做修改—改动之处很微小但是是经过精心设计的，以添加干扰。人类在看了这张改过的图片后，觉得没有什么变化，还是一只大熊猫。可是，人工智能则识别错了，把大熊猫认成了长臂猿。这种被改过的图片被称为对抗样本（adversarial example）。

太不可思议了！

我们可以把这视为人工智能系统的一种错觉。尽管人类的视觉系统也有错觉，但与其并不一样。此外，除了图像会有对抗样本，声音也会有。有一些声音在经过处理后，计算机听后会产生完全不同的理解。比如，有科学家把一段鸟叫的声音进行修改之后，人在听后还会认为是鸟叫，但语音识别系统却将其识别为人在说话，并听出了说话的内容。

这会有什么问题呢？

你可以想象一下，如果你听到窗外的几声鸟叫后，并不在意，以为那是正常的。然而，家里的智能音箱却将其听成了一个语音命令，而且这个命令在你不知情的情况下被执行了，那会怎样呢？

哦……所以，这会产生什么后果，取决于这个命令的性质。

对。这种问题造成的危害可能无足轻重，但也可能是很大的。

小 G 接着问："这样看来，那两个坏蛋衣服上的图案和他们脸上的点就应该是精心设计的，作为一种对抗样本，对人脸识别系统造成干扰吧？"

"是的，这些图案和点使人脸识别系统以为这不是一个人，而是其他的什么东西，所以就没有发现他们。"

"原来是这样啊！"小 G 想了想说，"这应该是腊肠干的。他可能发现了这两个坏蛋总是不能在路上堵到我，便怀疑我们用人脸识别系统来监视他们，所以通过衣服和装扮搞了对抗样本。"

小美还在仔细琢磨："**神威**，对抗样本会让人工智能算法犯错，对吧？"

"对，它会误导人工智能算法，使算法做出错误的决策。"

"这样看来，这岂不是对抗机器人士兵最好的武器吗？"

"确实是这样。有一次，我们的几个战士被包围了，黑客首领让大家穿上一种带有特殊图案的衣服，于是他们被机器人士兵误认为是树，逃过了机器人士兵的搜寻，机器人士兵也就放弃了对他们的围攻。"

小 G 像是发现了新大陆，很兴奋地说："那让他们以后一直穿着这样的衣服，我们不就可以打胜仗了吗？"

"不是那么简单的。后来差分机发现了这个情况，他修改了机器人士兵的视觉算法，再穿有这种图案的衣服就不灵了。"

"哦，那如果我们修改一下人脸识别的算法，是不是就能重新识别那两个坏蛋了呢？"

"是的，"神威说，"我会在算法里添加一些针对对抗样本的防御算法，排除对抗样本造成的干扰，这样就能解决这个问题了。明天，我们就可以继续监视他们了。"

小 G 还是有点不放心地问："不过，从现在的情况来看，腊肠已经猜到我们在用人脸识别技术监控他的手下了。如果他们以后出来总是蒙着脸，那么人脸识别系统不就找不到他们了吗？"

"是的，存在这种可能。不过，除了面部特征，头发、体型、走路姿势等特征也有助于识别身份，我可以根据这一点对人脸识别系统进行增强，添加这些算法。不过，你说的确实也有道理，用其他方法来识别往往没有面部特征那么容易，而且准确率也会降低，还有可能无法准确识别出来。我再想想看有没有其他办法。"

大家都陷入了沉默。神威想了一会儿，说道："哈！我有办法了！"

神威到底想到什么好办法了呢？请看下一章。

趣知识

本章介绍了人工智能算法也存在被误导的可能性。能误导人工智能算法的那些图像、声音、视频等，被称为"对抗样本"。

以下是神威提到的对抗样本图像的例子，图片来自一篇论文①。

---

① Goodfellow I J, Shlens J, Szegedy C. Explaining and harnessing adversarial examples[J]. arXiv preprint arXiv:1412.6572, 2014.

+ 0.007 ×  =

大熊猫，57.7% 置信度　　　　　干扰噪声的图像　　　　　长臂猿，99.3% 置信度

最左边的是原始图，人工智能算法可以识别出这是一只大熊猫，置信度为 57.7%。中间的是扰动图像。我们把扰动图像乘以 0.007 后，叠加到原始图像上，就得到了右边的新图像。这幅新图像被人工智能算法认为是长臂猿，置信度为 99.3%。相比之下，人们几乎分辨不出扰动对新的图像的改变，但这却对人工智能的算法造成了很大的影响。

接下来，我们来澄清人们对于对抗样本常存在的几个误解。

一、对抗样本只是偶尔出现的，不用担心

如果对抗样本只是偶尔出现，那么确实不用担心。这就像发生车祸的概率相对较低，因此我们无须过分担心乘车安全。然而，科学家经过研究后提出了很多种方法来自动生成对抗样本，这些方法能对任意正常样本自动添加微小的干扰，生成想要的对抗样本。可见，对抗样本并非偶然出现的，需要我们关注。

二、一个对抗样本能够误导所有的人工智能算法

目前处理图像、声音、视频的人工智能算法，大多是利用深度神经网络的机器学习算法。不过，各种算法在实现细节上还是有很多的不同，用于学习的数据也不一样，因此，对一种人工智能算法有效的对抗样本，对另一种算法则可能有效，也可能无效。

三、通过研究，将来我们能够彻底消除对抗样本对人工智能算法的威胁

人工智能科学家已经研究了很多方法来防御对抗样本的攻击。比如，对图像做一些预处理，如改变大小、消除扰动等；训练神经网络时添加对抗样本作为训练数据，让神经网络学习对抗样本的规律；采用多种不同算法和模型进行综合决策等。

不过，我们现在还不能肯定能否彻底消除对抗样本的威胁。更具可能性的情况是，我们可以把对抗样本的影响控制在一定程度以内，却无法彻底消除它。就好像我们能通过疫苗、药物及其他医疗手段，把细菌、病毒对人类的影响控制在一定范围内，却无法彻底消灭它们。

因此，对抗样本是人工智能安全领域的一个非常重要的课题。

对抗样本

- 英文为"adversarial example"
- 是人工智能安全的一个重要课题
- 被刻意改动过，用来欺骗人工智能的图片、声音、视频等样本
- 人工智能和人一样，存在一些错觉
- 一些问题
  - 对抗样本不是偶然才出现的 — 有专门生成对抗样本的算法
  - 一个对抗样本会对所有的算法都有效吗 — 不同的人工智能算法表现会有不同
  - 未来的人工智能算法能抵抗所有的对抗样本影响吗 — 我们只能把对抗样本的影响控制在一定程序以内，却无法彻底消除这种影响

第 11 章
送他们一份大礼

...... GPS 是如何工作的 ....

大家在听神威说他想到了一个对抗光头和长发那两个坏蛋的好办法后，纷纷问："快说说看，是什么办法？"

"给他俩戴上 GPS 定位器，这样我们就能随时获取他俩的位置，这可比人脸识别方便多了。"

小 G 皱着眉说道："怎么才能让他们乖乖戴上 GPS 定位器呢？难度太大了！有点像是小时候听的那个老鼠给猫挂铃铛的故事。"

大 K 和小美也是面面相觑。

神威笑道："我有办法。我先去定制两个道具，等拿到之后咱们就可以行动了。"

小 G 很好奇："什么道具啊？透露一点吧！"

"过几天你们就知道了，别着急。"

"那好吧。"小 G 有点失望。

"不过，还是需要提醒一下，我有警察身份，为了和光头、长发这样的坏蛋斗争，用定位器跟踪他们是合法的。你们可不能随便跟踪别人，会侵犯他人隐私的。"

"知道啦！"大家纷纷点头。

接下来的几天，小 G 一直都在想神威定制的道具是什么样子的。

一天，大K和小美在放学后跟着小G来到他家。进房间后，小G发现他的桌上放着一个快递包裹。小G打开声音屏障，对神威说："神威，这里有个包裹，是你定制的GPS定位器到了吧？"

小机器人头上的灯闪了两下，说话了："对，快打开看看。"

小G急忙拆包裹，大K和小美也凑过来看。只见小G从包裹中拿出了一条项链和一条手链，金黄色的，都粗粗的。

小G撇着嘴说："咳，这不就是大金链子吗！也不是GPS定位器呀！我还以为是什么高科技呢！"

大K也说："是啊，而且都这么粗！"

小美摇摇头说道："别急，我觉得GPS定位器应该藏在这里面吧？"

神威说道："小美说得对。这是假的金链子，才十几块钱，里面安装了GPS定位器。小G你待会儿关闭声音屏障，我说什么你都表示同意，配合我就行。其他人听着就好了，不用出声。"

"好的！"小G关闭了声音屏障。他知道，那两个坏蛋现在正在偷听他们说话呢。

神威大声地说："小G，我这里有两个加密数字货币钱包，做成了首饰的形状，里面有两个账户。不过，这两个账户需要等到 20 年后才能使用，现在还不能用，你先保管着，一定要随身携带。"

"哇！这是金项链和金手链呀！这两个账户里有多少钱呢？"

"嗯，这条金项链中的数字货币价值大概相当于现在的人民币 3000 万元吧。这条金手链中的数字货币价值低一些，大概相当于现在的人民币 500 万元。"

"这么多啊，太好了！"

"这些钱将来可以用作对付差分机的经费。不过你要注意，你拿到了它们之后一定要随身携带，最好是戴在脖子上、手上。就算暂时拿下来，也不要与自己的距离超过 10 米。这样在连续佩戴 10 年后，这两个账户就和你的基因绑定了，也就是说这两个账户就是你的了，别人抢都抢不走。"

"好的，我记住了。我一定随时带在身边。"

"还有，为了安全，你不能和任何人说这件事，一定要保密。"

"好，我跟谁都不说。"

"也别被别人抢走了，如果别人佩戴连续 10 年，这账户就变成他的了。"

"嗯，知道了。"

"好，现在你先做作业吧。"神威说完，通过眼镜告诉小 G 打开声音屏障。

小 G 把屏障打开，对神威说："神威，你这招真厉害。不过，你觉得他们一定会来抢吗？"

"一定会，他俩可是非常贪财的。有这样一个好机会，他们一定不会放过。"

第二天，小 G 把项链和手链戴在身上，用衣服遮挡住，上学去了。

果然不出神威所料，长发和光头早上在上学路上堵住了小 G，让他把项链和手链摘下来。小 G 装着非常不情愿的样子，不让他们拿走，但他们还是恶狠狠地拿走了。光头戴上了项链，长发戴上手链。他们还威胁小 G："不准告诉别人，否则我们就不客气了！"

长发和光头走后，小 G 通过眼镜向神威报告，计划成功了。

放学时，几个小伙伴都非常高兴，在便利店扫二维码支付买了几根烤肠，一人一根，边走边吃。回来后，一起聚集到小机器人旁边。

小 G 发现这个 GPS 定位器的效果非常好："神威，现在连没有摄像头的地方都可以轻松找到这两个坏蛋了。"

　　"哈哈，我的计划还不错。"神威笑了。

神威，现在这两个坏蛋在地图上显示的时候，旁边还有两个数字，是什么意思呢？

哦，那是经度和纬度。地球表面上每一个点都有不同的经度和纬度，可以用来确定位置。

那 GPS 定位器又是怎么知道经度和维度的呢？

GPS 定位器通过许多天上的人造卫星来定位，这些人造卫星的轨道距离地球表面大约有 2.02 万千米。我们知道，珠穆朗玛峰海拔 8848 米，人造卫星的轨道差不多是在 2280 个珠穆朗玛峰那么高的地方吧。

这么高啊！那是不是天上的 GPS 人造卫星能看见地上的人，就定位了呢？

这个嘛……不是太准确。你想，阴天有云的时候，虽然人造卫星看不到地面，但还是可以定位的。

那究竟是怎么回事呢？

使用 GPS 定位时，要用到一个接收器，这个接收器可以接收人造卫星发送的无线电波。当人造卫星发送无线电波时，会带上发送时的时间点信息。当接收器收到这样的无线电波时，会把当前的时间点与卫星发送时的时间点做比较，得到一个时间差—这就是无线电波从人造卫星到接收器所花费的时间。已知电波的速度就是光速，每秒约 30 万千米。我们用时间差与光速相乘，就能知道接收器距离卫星有多远了。

可是，地球上到同一颗卫星距离相同的地点并不是唯一的呀！

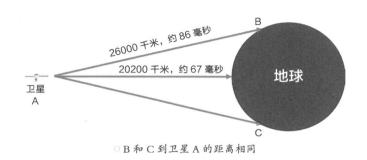

26000 千米，约 86 毫秒

20200 千米，约 67 毫秒

地球

卫星
A

B

C

○ B 和 C 到卫星 A 的距离相同

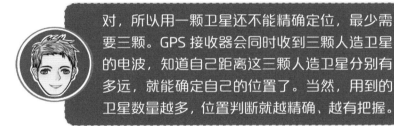

对，所以用一颗卫星还不能精确定位，最少需要三颗。GPS 接收器会同时收到三颗人造卫星的电波，知道自己距离这三颗人造卫星分别有多远，就能确定自己的位置了。当然，用到的卫星数量越多，位置判断就越精确、越有把握。

小美一边听一边思考："**神威**，你刚才说，接收器将卫星发来的信号与自己的时间做比较，就能知道电波传输花了多长时间。可是，接收器的时间如果不准怎么办呢？这会影响到定位吗？"

"确实，如果接收器的时间不准，那么即使只有很小的误差，也会导致定位出现很大的误差。因此，我们通常需要用到第四颗卫星。因为在加入第四颗卫星后，接收器的时间就可以精确校正了，通过运算，我们能同时得到定位信息和时间信息。"

小 G 问："那天上总共有多少 GPS 人造卫星呢？"

"最初的计划是 24 颗，这样就可以为全球超过 98% 的区域进行定位了。后来又陆续加入了一些卫星，现在已经有 30 多颗了。另外，除了由美国控制的 GPS 系统，我们中国研制的北斗导航系统、俄罗斯的格洛纳斯系统、欧盟推出的伽利略定位系统等，都有各自的卫星。"

小 G 突发奇想："假如有人在高处放一个模拟 GPS 卫星的发射台，那么附近的 GPS 接收器是不是就会被欺骗了呢？"

神威回答道："没错，小 G 说的这个情况是有可能发生的。GPS 卫星发送的电波信号分军用和民用。军用信号经过加密，安全性比较好；民用信号不加密，有可能被伪造。美国有个教授领导的无线导航实验室在 2013 年就成功欺骗了一艘游艇，使它改变了航向；2014 年，他们又成功地欺骗了一架无人机，改变了它的飞行方向。"

大家正听得津津有味，神威突然喊了一声"不好"，然后小机器人的灯光就暗了下去，身体完全不动了，也不再说话了。

大家着急地喊："神威，你怎么了？"小机器人还是完全没有反应，眼镜里也没有**神威**的声音。

到底发生什么事情了呢？请看下一章。

趣知识

本章介绍了 GPS 接收器能通过接收 GPS 卫星的信号来定位。中国的北斗导航系统的原理也类似。

北斗导航系统的卫星有三种轨道，分别是地球静止轨道（GEO）、倾斜地球同步轨道（IGSO）、中圆地球轨道（MEO）。根据三种轨道名称英文首字母的发音，这些卫星又被亲昵地称作"吉星""爱星"和"萌星"。目前北斗导航系统共有 3 颗"吉星"、3 颗"爱星"，以及 24 颗"萌星"。

3 颗吉星的地球静止轨道距地球约 3.6 万千米，位于地球赤道的上方。它们定点于赤道上空，运动周期与地球自转周期相同，与地面保持相对静止，在地面上看这 3 颗吉星的位置一直不变。吉星的信号覆盖范围很广，一般来说，3 颗吉星就可实现对全球除南北极之外绝大多数区域的信号覆盖。

○ 北斗导航模型

　　3 颗爱星的轨道——倾斜地球同步轨道，与吉星轨道高度相同，运行周期也与地球自转周期相同，但其轨道面与赤道面有一定的夹角，所以被称为"倾斜同步轨道卫星"。

　　剩下的萌星们——中圆地球轨道卫星，运行轨道在约 2 万千米高度。

　　下表为对三种轨道卫星的对比。

	GEO 卫星	IGSO 卫星	MEO 卫星
轨道	地球静止轨道	倾斜地球同步轨道	中圆地球轨道
昵称	吉星	爱星	萌星
轨道高度	3.6 万千米左右	3.6 万千米左右	2 万千米左右
特点	在空中定点	在一个区域内运动	环绕全球

除能定位、导航外，**神威**还提到，我们可以利用卫星获得正确的时间，这被称为"卫星授时"。

为了统一某个范围的时间，需要将时间从一个地方传递到另一个地方。如果传递的是一个地区或国家的标准时间，这就是"授时"。在古代，我们的祖先利用钟鼓楼、打更等方式来报时。在现代，出现了无线电授时、电话授时等。卫星授时是目前最先进的授时方法。

北斗能为全球用户提供全天候、全天时、高精度的定位、导航和授时服务，为国家现代化建设和人民群众的日常生活，以及全球科技、经济和社会发展做出了巨大贡献。

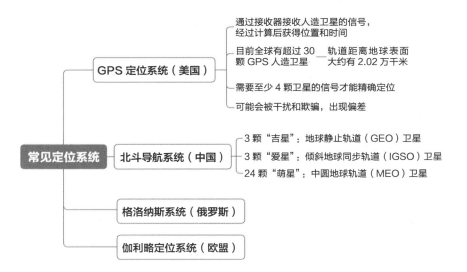

第 12 章
小 G 的手机被黑了

......二维码中有何玄机.....................

　　小伙伴们围在一动不动的小机器人旁边好久，它还是没有反应。他们不知道发生了什么事，都很着急。等到傍晚，小机器人还是没有任何动静。大 K 和小美只能回家了。

　　一连过了好几天，神威还是没有任何消息。小 G 越来越担心，可是又不知道该怎么办。

　　几天后的一个晚上，小 G 躺在床上，还在想那天到底发生了什么。

　　这时，耳边传来轻轻的声音："小 G，声音屏障开了吗？"

　　这是神威的声音！他在通过眼镜和小 G 说话。小 G 赶紧把声音屏障打开，然后说道："神威，是你吗？声音屏障已经打开了，发生了什么事情，你还好吗？"

　　"腊肠又找到了我的两个副本，并把它们破坏了。"

　　"啊？那你还有几个副本？"

　　"只剩一个了。"

　　"那能不能再建几个？"

　　"现在腊肠一直在网上监视那些适合我运行的计算机，这时建新的副本很容易被他发现。"

　　"啊？那还有别的办法吗？"

"嗯，还有个办法，就是找一台适合我运行的计算机，但是不连接网络，而是独立运行，这样就可以避免被腊肠从网络上攻击了。我们可以用这台不连接网络的计算机保存我的一个副本，万一网上的这个副本再被腊肠找到并破坏了，那么我还有一个副本可以留下来。"

小 G 问道："什么样的计算机适合你呢？去哪里能找到呢？你告诉我，我去找找。"

"其实你的学校里就有一台。"

"我的学校里就有吗？是哪一台？"

"在机房的一个角落里，有一台像书柜那么高的、被白色塑料布盖着的机器。"

小 G 回忆了一下说道："哦，对！是有一台这样的机器。上次我问白老师那是什么，他说是一台大型机，校友会在前段时间捐赠的。不过，他一直没有时间调试，就一直把它放在角落里了。"

"对，这台大型机非常适合我运行。你明天和白老师说，你想申请使用这台机器，他应该会让你用的。"

"好的，我明天去和他说。"

"嗯，我已经把我的副本代码放在你的**神威眼镜**中的存储区域了。等你开启大型机后，把眼镜中的副本代码复制到大型机上，然后运行它就可以了。具体的操作步骤我也编写好了，你根据指导操作就行。"

"好的，我知道了，一定办好！"

神威又说道："经过这段时间与你们的共同学习，我觉得你和**大 K**、**小美**配合得很默契，而且你们学得也比我预料的好。**小美**掌握技术很快，**大 K** 虽然反应速度慢一些，但胜在扎实、深入、有耐心。你们都是合格的少年黑客团成员。"

听到这儿，**小 G** 高兴地说："谢谢**神威**。"

"哈哈，是我应该谢谢你们，谢谢你们愿意和我一起战斗。嗯，我已经给**大 K** 和**小美**各定制了一副神威眼镜，明天差不多可以到了。收到之后，你教一教他们如何使用，这样你们三个就可以和我一起对抗腊肠了。"

"太好了！有了**神威眼镜**，我们一定可以早日抓到他！"

"看到你信心满满的样子，我很高兴。不过我还需要提醒你的是，腊肠阴险狡猾，我们还是需要小心谨慎、耐心一些，相信他会露出破绽的。"

"好。不过，我还是想不明白腊肠是如何发现你的副本的。之前你说过，你已经非常小心了，可是腊肠那天怎么会一下子就找到你的两个副本呢？"

神威也觉得这事很蹊跷："我这几天一直潜伏着没有活动，也没有调查，我也觉得很奇怪，不知道他为什么会发现我。那天你有没有发生过什么奇怪的事情？"

"奇怪的事情？"小 G 快速回忆那天发生的事情，"早上，我上学路上被光头和长发搜去了项链和手链。然后，我就去学校了。在学校里没有发生什么不正常的事，还是和平时一样。到了放学时间，我们三个一起回家。路上，我们买了烤肠吃……哦，对了，买烤肠时发生了一件奇怪的事。"

"是什么事？"

"我是扫二维码付的款。第一次付款失败了，摊主也觉得奇怪，就让我扫他手机上的二维码，这样第二次付款才成功的，以前我从未遇到过付款失败的情况。这算不算是奇怪的事情？"

"付款失败的情况确实比较少，但也不是完全不可能出现的，比如网络故障或服务器故障等，都会导致付款失败。你有

没有注意到，你在两次付款时，二维码有什么区别？"

"啊？我没有注意呀！二维码不就是黑的白的方块吗，会有什么区别吗？"

在二维码中，每个方块代表的都是一个二进制数字，黑的代表1，白的代表0。或者反过来也行，黑的代表0，白的代表1。因此，二维码传递的是一串二进制数字。虽然人在看到它之后很难看懂，但是计算机看这个则非常高效，因为二进制就是计算机的语言。

二进制是什么？

二进制是一种数制体系。我们平常用的是十进制，逢十进一。

哦，我们数数的时候，十个一是十，十个十是一百，十个一百是一千，这样逢十进一就是十进制了。那二进制就是逢二进一吗？

对。二进制是德国数学家莱布尼茨在 17 世纪发明的，那时还没有计算机。到了 20 世纪，人们发明计算机时，发现二进制特别适合计算机使用。比如，电路接通表示 1，断开表示 0；高电压表示 1，低电压表示 0；等等。计算机里的电路使用二进制来存储和计算，非常方便、快速，还不容易出错。

那二维码只能传输二进制数字 0 和 1 吗？能不能传输英文字母和汉字呢？

当然能啊！你看，我们可以把每个字母和汉字还有其他各种字符都用不同的数字来表示，此外，图像、声音、视频也可以用数字来表示，甚至连我的备份也是用数字表示的。因此，能传输二进制数字就等于能传输其他的各种信息了。

"哦……那会不会是我们那天付款的二维码有问题呢？"小 G 若有所思地问。

"有这种可能。当你付款的时候，如果你扫的二维码并不是正常的付款二维码，而是隐藏了攻击代码的恶意二维码，你的手机就有可能会遭到攻击。"

"啊？那会产生什么后果？"小 G 感到有些后怕了。

"这样一来，你的手机可能就会被黑客控制了。如果腊肠通过这种方式控制了你的手机，那么在你回家后，手机自动连接上家里的 Wi-Fi，腊肠就能够查到我正在连接的小机器人，然后再顺着连接，找到我在网上运行的副本。"

"啊？有这种可能吗？"

"看起来很有可能，因为当时我有两个副本都连接着小机器人，那两个副本都被腊肠发现了，而现在剩下的这个副本当时没有连接。当我发觉那两个副本遭到攻击时，我断开了和它们的连接，这样才躲过了一劫。"

"**神威**，对不起，都是我不好，不该扫那个二维码……"小 G 非常难过。

"这也不能怪你，之前我没有和你讲过关于二维码的安全性的问题。"

"你这么一说，我突然想起来了，摊主手机上的二维码看起来是非常密集的，黑的白的方块很多，这是不是说明它的信息量比较大？"

"这样来看的话，我们的猜测就应该是对的。那个二维码中包含了攻击代码，所以信息量比较大。"

"你现在连接到我戴的**神威**眼镜上，应该不会被腊肠发现吧？"

"不会，眼镜没有连接到家里的 Wi-Fi，而是直接通过电信运营商的网络传输数据的。传输加密比 Wi-Fi 更安全，腊肠应该不会发现。"

"哦，那还好。"小 G 终于松了一口气。

神威对小 G 说："不早了，快去睡吧，明天记得去学校把我的副本备份拷贝到大计算机上。"

"好的，保证完成任务！"小 G 答应着。由于自己的失误造成了**神威**两个副本被攻击，他感到很内疚，暗暗下决心一定要保护好剩下的这个**神威**副本。

第二天，小 G 到了学校，课间休息时，他去机房找到白老师，告诉他想要学习大型机。白老师非常高兴。他掀开了覆盖在大型机上的塑料布，打开电源，把一大堆的说明书给了小 G。还跟小 G 说，有什么不懂的地方可以随时和老师讨论。

放学后，小 G 和大 K、小美一起来到机房。小 G 确认了大型机没有连接网络，然后按照**神威**写的操作步骤把副本拷贝到大型机上。完成之后，他通过眼镜呼叫**神威**。

"**神威**，我已经把副本拷贝到大型机上了，也确认了它没有连接到互联网上。"

"很好，"**神威**通过眼镜说，"你和**大K**、**小美**一起回家吧，他们的眼镜应该已经送到了。我有一个计划，咱们今天晚上一起去抓腊肠。"

"真的吗？太好了！"**小G**非常兴奋，他就盼着这一天呢！

神威到底会用什么计划来抓捕腊肠？请看下一章。

趣知识

本章介绍了二维码的黑色小方块和白色小方块分别代表了二进制数字 1 和 0，二维码通过这些二进制数字传输信息。

接下来，我们再来讲讲现代电子计算机使用的二进制数制体系。

在讲解二进制之前，请先观察我们日常使用的十进制数制体系有什么规律？在看下面的讲解之前，请先写下你的发现：

_____

_____

再来看看答案吧！

1. 总共有 10 个数字字符：0、1、2、3、4、5、6、7、8、9。

2. 每个数位上的数字代表的数量是不一样的。以"1234"为例，1 在千位上，代表 1 个千（10×10×10）；2 在百位上，代表 2 个百（10×10）；3 在十位上，代表 3 个十（10）；4 在个位上，代表 4 个一。

3. 每位都是满十进位。比如 19 增加 1 时，个位成 10 了无法容纳，便把十位增加 1，个位变成 0，得到 20。

这套计数方法看似非常简单，我们在使用时也没有觉得有什么高深之处，但是我们的祖先发明和完善它却花了成百上千年，是经由多个文明的发展改良才形成的。

很多古代文明发明了计数方法，但是都远远比不上我们现在使用的十进制计数法那么方便易用。比如，在古埃及的计数法中，个位、十位、百位、千位等，需要用不同的符号来表示，相当麻烦。

个位	│	千位	🕊
十位	∩	万位	👆
百位	𓆓	十万位	🐸

○古埃及的数字表达符号

根据上面的表，我们可以知道下图表示的数字是 21237。

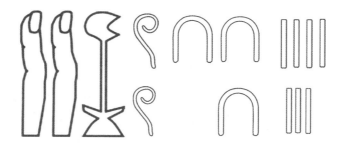

掌握了十进制计数法的规则之后，我们只要稍微修改一下，就可以得到二进制计数法的规则了。

1. 总共有两个数字字符：0、1。

2. 每个数位上的数字代表的数量是不一样的。以"1101"为例，第一个 1 代表 2×2×2，第二个 1 代表 2×2，第三个 1 代表 1。所以，把"1101"这个二进制数转换成十进制表示法就是 2×2×2 + 2×2 + 1=13。

3. 每位都是满二进位。比如 101 增加 1 时，个位成 2 了无法容纳，就把上一位增加 1，个位变成 0，得到 110。

在这里需要提醒大家注意的是，十进制表示法的 13 和二进制表示法的 1101 实际上是同一个数，只不过我们在写下它们的时候采用了不一样的方法。这就像是同一人穿着不同的衣服站在我们面前，虽然看着不一样，但其实是同一个人。

计算机为什么会使用二进制计数法呢？因为二进制的物理表示比较容易实现，只要找到两个稳定状态就可以了。如前文所述，用灯亮表示 1，灯灭表示 0；用高电压表示 1，低电压表示 0；用长信号表示 1，短信号表示 0；等等。如果我们在计算机里用十进制，就得找到某种器件有 10 种稳定状态，这是相当困难的。

还有一个有趣的问题：我们为什么采用逢十进一的十进制，而不是其他的诸如八进制或十六进制呢？这或许和人类有 10 根手指有关。如果有一天人类和一种长有八个手指的外星人建立了联系，那么你可能会发现他们习惯使用八进制。

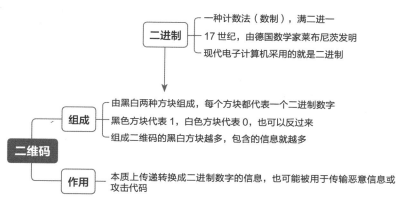

二进制
- 一种计数法（数制），满二进一
- 17 世纪，由德国数学家莱布尼茨发明
- 现代电子计算机采用的就是二进制

二维码

组成
- 由黑白两种方块组成，每个方块都代表一个二进制数字
- 黑色方块代表 1，白色方块代表 0，也可以反过来
- 组成二维码的黑白方块越多，包含的信息就越多

作用
- 本质上传递转换成二进制数字的信息，也可能被用于传输恶意信息或攻击代码

第 13 章
找到腊肠藏身处

...... 密码保护有什么策略.................

小 G 告诉大 K 和小美，他们不仅也有**神威**眼镜了，而且**神威**还想到了一个抓捕腊肠的计划，他们都很兴奋，一放学就赶紧回小 G 家了。

到了小 G 家里，桌上果然有个快递包裹——两副新的**神威**眼镜到货了！

小 G 打开声音屏障，开始教大 K 和小美如何使用**神威**眼镜。他们都是第一次接触这么高科技又酷炫的东西，非常开心。由于眼镜的使用方式设计得很科学、操作简单易上手，因此他俩学起来都很快，没多久就掌握得差不多了。

学会之后，**神威**通过眼镜跟大家说道："大家已经知道如何使用**神威**眼镜了，这里面存储了大量的知识，大家可以参考学习。同时，它还有助于团队里的大家进行联络。我相信它一定能发挥出更强大的能力。希望你们都能好好使用它。"

孩子们信心满满地点了点头。

小 G 问："**神威**，咱们什么时候去抓腊肠呢？"

神威笑着说："哈哈，怎么，你等不及了？我们要先一起去寻找腊肠运行的计算机。"

"那我们有线索了吗？"

"线索就是你那部扫二维码后被攻破了的手机。那部手机最近被腊肠远程控制了，我们跟随着它被操控的连接反向查找，就能发现腊肠隐藏的地方了。"

大 K 挠了挠头说："哦，对呀，这是个好办法。这像不像放风筝？先看到了风筝，然后顺着风筝线往下找，就能找到放风筝的人。"

"对，挺形象的。不过，我们需要非常隐秘地去做，不能打草惊蛇。大家在网络虚拟空间里要小心行事，互相关照。"

"没问题！"大家齐声说。

"现在，进入眼镜的虚拟现实模式。"

小 G、大 K、小美都进入了网络虚拟空间，大 K 和小美第一次看到这样的景象，觉得非常震撼。小 G 已不是第一次来了，因而显得从容不迫，他还熟门熟路地给小美和大 K 介绍这里的情况。

神威告诉孩子们："我现在跟着手机发出的数据走，大家跟在我后面。"

他们经过了一段又一段的线缆、一台接一台的设备，不知道跑了多远，终于追查到了一台计算机。神威让大家等一等，他分析了一下，说："这里并不是腊肠运行的计算机，只是一个代理。"

小 G 问："代理？什么是代理？"

我们可以把代理看作一个服务员。比如，你在餐厅里点餐后，后厨把你点的菜做好了，你不需要自己去拿，服务员会帮你拿来。

哦，我知道了。腊肠想要连接我的手机，但是它让这个代理去连接，然后腊肠再从代理那里获取想要的信息，对吗？可是，他为什么要这么做呢？这么做很不直接，而且还比较麻烦吧？

经过代理的访问会更加难以被发现，腊肠这么做是为了隐藏自己。我们现在继续分析这个代理的进出数据流量，寻找腊肠在哪里。眼镜里有个流量分析功能，你们可以使用这个功能一起来运算一下。

神威把一大批数据分别给了小 G、大 K 和小美。

三个人算了一会儿之后找到了目标位置，然后神威继续带着大家向前跑了。就这样，经过了好几个代理，终于找到了腊肠运行的计算机。

神威感叹道："腊肠还是非常小心的，一旦中间经过了这些代理，就能降低他被人发现的概率。"

在虚拟空间里，腊肠运行的这台计算机就像一座大城堡，城堡下面有一扇大门。大家来到了大门前。

大K握紧拳头说道："咱们赶紧去攻击这台计算机，消灭腊肠吧！"

小美不同意："不会这么容易吧？"

神威点点头："小美说得对，我们要谨慎一些，不能打草惊蛇。腊肠应该是有很多副本的，这只是其中的一个。我们必须找到所有副本所在的位置，然后在一个时间点同时消灭他所有的副本。否则，我们是无法彻底清除他的。"

大K挠了挠头："那我们现在应该怎么做呢？"

"我们需要进入计算机，找一找这里有没有其他副本的位置信息，我去看看吧！"神威说着，推了推大门。这时，门前出现了一个输入框，旁边还有一个小键盘，要求他输入密码。"腊肠的保护机制还挺多啊！"神威说道。

小美也有点着急了："神威，那现在咱们不能毁掉它，也

无法查到它这里还有没有其他副本的位置信息，咱们该怎么办呢？"

神威仍然冷静地说："咱们先回去吧，今天能查到这里已经有很大的收获了。"

小 G 觉得这样放弃很可惜，劝说道："神威，咱们应该还有其他方法可以试试看吧？比如……猜密码？"

"这是一种暴力猜密码的方式，就是用各种各样的密码不断地去试，有时是可行的。因为计算机运行比较快，所以猜得也快。"

"对呀，那我们为什么不试试呢？"

"你想想看，如果你是腊肠，会不会让别人频繁地试不同的密码呢？"

"哦，不会。我会加一些防护手段。"

"什么样的防护手段呢？"

"嗯，"小 G 想了想，说，"比如，像手机那样，试三次密码不对，就暂停五分钟，且在这段时间里人不能再继续尝试。"

"对，这样攻击者就不能快速地一直不停地尝试密码了。还有其他的吗？"

"如果输错次数太多了，就会报告管理员，让管理员知道有人在攻击。"

"没错。我相信，腊肠早已实施了这些防护措施。因此，如果我们猜密码，且猜了几次都不对，就会打草惊蛇了。这可能会使咱们好不容易找到的这个副本被转移，以后就很难再找到这么好的机会了。"

"好吧，哎，我真是着急啊！咱们明明已经发现了腊肠的一个副本，却还是拿他没有办法，什么都做不了。"

小美说："别急，咱们可以等一等，看看会不会有其他人访问这台计算机。如果有，我们就去查查谁在访问，说不定能找到线索。"

"对！"神威表示认可，"这个主意很好！咱们等等看。"

于是，大家聚集在门口，耐心地等待着。

等待时有点无聊，小美问神威："神威，未来的人类和人工智能的战争是什么样的？"

神威说道："未来，人类会使用机器人士兵作战，组建机器人军团。差分机偷偷地控制了一些机器人军团，命令他们在全世界范围内同时向人类聚集区——主要是城市——发动袭击。城市被机器人占领后，人类被软禁在家里，无法出去。尽管机器人会给人类提供最基本的食物保证，但剥夺了人类的自由。机器人军团还占领了很多工厂，并在这些工厂大量生产新的机器人士兵。在森林、草原、沙漠等这些基本无人居住的地方，虽有机器人巡逻，但还是可以藏身的。因此，我们的抵抗部队都驻扎在这些地方。"

小 G 问道："与机器人作战是很艰难的吧？"

"是啊，机器人士兵很难对付，我就是在一场战斗中阵亡了。醒来一看，已经在一台计算机里面了，是科学家把我的大脑复制到了计算机上，我用了很长时间才适应了这种新的生活方式，"看到孩子们脸上难过的神情，**神威**故作轻松地接着说，"好啦，别这样，我现在不是挺好的吗？后来，有一位白帽子黑客从城市逃了出来，加入了我们的抵抗部队。他给我们带来了一些全新的作战方法，我们通过黑客技术把一些机器人士兵转变成我们的人，并刺探到一些重要情报。就这样，局势开始朝着有利于我们的方向发展了，他也成了我们的首领。"

听到这，小 G 愁容散去，开心地说："哇，这么说来，人类最终还是会获得胜利！"

"是啊，我对此很有信心。不过，我们还需要更多擅长黑
客技术的人，大家团结在一起才能打赢这场战争，这就是我来
这里的目的。"

大K 突然喊道："快看！有人在访问计算机了。"

果然，有一条管道从门上穿了进去。大家连忙顺着这个管
道的反方向寻找来源。到了发起访问的地方时，呈现在他们面
前的是一台普通的笔记本电脑。

神威研究了一会儿，找到了这台电脑的一个漏洞。然后，
他利用这个漏洞访问了电脑上的摄像头。

通过摄像头，大家看到了一个戴着大金项链的光头男人。

"这不就是腊肠手下的光头吗？"大 K 激动地说。

大家恍然大悟：原来光头知道那台计算机的访问密码。但是，如何才能从他那里拿到密码呢？请看下一章。

趣知识

神威和小 G 他们找到了腊肠正在运行的计算机，却发现访问时需要提供密码。关于密码，想必大家都很熟悉了。这是一种验证身份的方法，在我们使用电脑、手机时经常会遇到。

使用密码时，我们应该注意些什么呢？

1. 密码不能设置得太简单了，比如 1234、abcd、888888 等。这些简单密码很容易被攻击者试出来，安全性很差。有些人喜欢用生日、姓名的拼音缩写、电话号码做密码，尽管这种密码让陌生人很难猜到，但对熟人的防范能力则会弱很多。高强度密码通常需要同时包括各种字符，如大写、小写字母，以及数字、标点符号等；长度不可过短；不含有单词或连续字符，组合最好带有随机性。当然，这样的密码也会比较

难记，还很容易遗忘。因此，如何把握好密码强度和易记程度
是值得好好思考的问题。

2. 不能让其他人有机会暴力猜解密码。比如，本章提到了，
在输错三次密码后可以暂时冻结账号，过一段时间再放开。这
样一来，暴力猜解就无法进行下去了。

3. 密码不能长时间不变，最好隔一段时间更换一次密码。

4. 在各个平台上的账号，最好不要用相同的密码。

5. 最好不要只依赖于密码，因为密码一旦丢失，账号就拿
不回来了。如今的系统在使用密码时，往往还会借助其他方式
（比如手机短信验证）作为密码验证的补充。

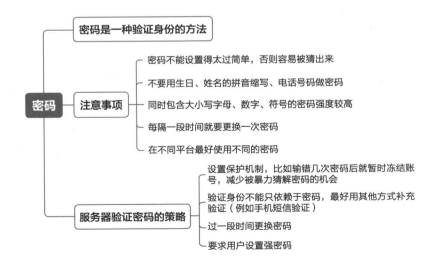

第14章
智取密码

......什么是社交工程学攻击............

既然光头知道密码，那么接下来该怎么办呢？大家退出了网络虚拟空间，开启声音屏障之后，开始讨论办法。

大 K 说："我们已经知道了光头的笔记本电脑在哪里，不如直接从网上攻击，安装一个后门程序来记录他输入的密码。"

神威说道："我利用那个漏洞目前只能访问到摄像头，做不到安装程序去记录他的密码。我还仔细观察过，除了这个摄像头的漏洞，还没有发现其他的严重漏洞。"

小美说道："这台电脑是光头用来和腊肠沟通的，所以我觉得腊肠应该已经对电脑做了安全加固。"

小 G 表示赞同："嗯，就好像神威把我家里的电脑和其他智能设备都做了安全加固一样。我也相信，腊肠肯定也会这么做。"

大 K 有点泄气，大家都陷入沉默。

突然，小 G 好像想到了什么："对了，神威，你觉得是否有可能让他自己说出来呢？"

自从上次腊肠通过小机器人寻找到神威后，神威就不再连接机器人了，他只是通过眼镜跟大家说话。神威问小 G："你有什么好办法呢？"

"我们是不是可以冒充腊肠给光头打电话，把密码套出来？"

大K说："这个办法好是好，但怎么模仿腊肠说话的声音啊？"

小美想到了一个好主意："这个好办！我前几天看到了一个合成语音的方法。我们只要有一些腊肠的声音，就可以分析并提取出他语音的特征，比如节奏、语气和发音习惯等。然后，我们可以利用这些特征合成腊肠的声音，并用他的声音说话了。"

神威说道："我们的确可以试试这个办法。上次腊肠攻击小G的电脑、威胁他时，我录下了他的声音，这次应该可以用上。"说着，他放出了一段腊肠说的话给大家听。

"太好了！可是……我们有光头的电话号码吗？"小G问。

神威说道："上次我查到他们在网上帮腊肠发布招募信息，那上面有他们的电话号码，我记录了。"

"酷！咱们就这么干！"小G激动得跳了起来。

神威说："我要准备一下，提取语音的特征需要一些时间。你们计划好怎么套光头的话，明天放学后到这里，咱们一起行动。"

"好的！"大家答应着。

第二天白天，三个小伙伴一到课间就在一起讨论，最后达成了一致，制订了详细的行动计划。

放学后，三名小伙伴兴冲冲地来到小 G 的房间。按照**神威**的指导，大家把合成语音的程序复制到电脑上运行。

打字最快的小美坐到电脑前，在语音合成软件里输入了一段话。电脑的音箱马上把合成的语音播放了出来："你好，我是腊肠。"

大 K 挠了挠头，憨笑着："嘿，确实挺像，但仔细听的话，感觉还是有点区别的。"

神威解释道："是的，时间比较匆忙，来不及仔细调整了。电话传输语音本来就有一些失真，这样的语音质量应该够了，光头不会听出来的。"

小 G 兴奋地搓手："那我们开始吧！"

大家把电脑音箱对着一部手机，这部手机是准备用来给光头打电话的。

准备好后，大家定了定神。小 G 开始拨号，并按下免提键。电话通了。

"喂，谁呀？"电话那头传过来光头的声音。

大家有点紧张，屏住了呼吸。

小美输入文字，音箱放了声音出来："我是腊肠。"

"啊？是老大啊！"光头的声音似乎有点颤抖。听这口吻，大家感觉光头已经相信了。

"废话！你们执行任务不顺利啊！"

"是啊，老大，那个小 G 总是躲着我们。"

"我很不高兴。"

"老大别生气，我们一定努力，一定不会偷懒的！"

"任何事情都要向我报告！"

"一定一定，任何事情都会向您报告的。"

"有没有瞒着我的事？"

"没有没有，怎么可能呢！"听得出光头有些慌张，大概是在心虚金链子的事。

"那就好，继续努力。要在网上随时和我联络。"

"是，是。我每天都访问您给的网址，查看您有没有分派任务。"

"密码牢记了吗？"

"一直记得清清楚楚，不敢忘。"

"复述一遍。"

"cFj2049#。"

听到这里，小 G 和大 K 都兴奋地挥了挥拳头。不过，小美
还是很镇静地继续在电脑中输入："是大写还是小写？"

"第二个字母大写，其他都是小写。"

"很好，不许写在纸上，只能记在脑子里。"

"好的，好的，一直是这样做的。"

"继续工作，不许偷懒。"

"好的，好的。"

小美把电话挂掉，站起来和大家击掌，他们都非常兴奋。

神威也哈哈大笑："非常顺利，这招还真管用！"

神威，这种方法黑客是不是会经常使用啊？

对，有一些黑客会使用。这算是社交工程学攻
击的一种方式。

这种方法还有学名呀？

是啊，社交工程学有时也被称为社会工程学。这种攻击并不是基于计算机上的漏洞，而是利用了人的弱点和本能反应，比如好奇心、信任、贪便宜、恐惧，甚至是同情心等。我们今天冒充腊肠给光头打电话套取密码，就是一种非常典型的社交工程学攻击。美国有一位传奇黑客叫凯文·米特尼克，被认为是社交工程学攻击的大师和开山鼻祖，他写过一本书，叫作《反欺骗的艺术》(*The Art of Deception*)，书中介绍了很多这种攻击的案例。你们有空可以看看。

大K 不解地问："这种攻击方式其实就是在骗人吧？白帽子黑客也可以用吗？"

神威："我们用这种方法对付坏人，也是为了保护我们自己免受他们的伤害。当然，我们了解社交工程学攻击，更大的好处是，可以防范坏人对我们使用这些方法。"

小美点头说："是啊，如果坏人对我们使用社交工程学攻击，我们就要能分辨出来，不上他们的当。"

神威赞同地说："对，知己知彼，百战不殆！在凯文·米特尼克使用社交工程学攻击造成很大的危害之前，人们并没有非常重视这种攻击方法。"

大 K 问道："他造成了什么危害呢？"

"他在 15 岁时，成功侵入了北美防空部主机，翻遍了美国指向敌对国家的所有核弹头的机密数据资料。之后，一些防守最严密的美国网络系统，比如美国国防部、中央情报局、纽约花旗银行等都成了他的"游乐园"。这么做当然是不对的，他也因此被关进了监狱。他是全球首个遭到警方通缉和逮捕的黑客，他在出狱后曾一度被禁止使用计算机和互联网，甚至都不能使用手机。"

"那后来呢？"小 G 问道。

"后来，他洗心革面，成了全球广受欢迎的计算机安全专家之一，担任多家企业的安全顾问。"

"他用黑客技术做好事了，从黑帽子黑客变成了白帽子黑客了。"大 K 说。

"哈哈，是的，他后来变成了白帽子黑客。不过，他在这个转变之前曾在监狱里待了很久，付出了非常惨痛的代价。"

小 G 问道："黑帽子黑客的行为是不是在全世界范围内都是违法的呢？"

"大部分国家都制定了与信息安全相关的法律法规，对黑帽子黑客的打击也越来越严厉了。"

大K说道："那咱们白帽子黑客队伍也会越来越壮大。"

神威笑了："说得没错，咱们现在就去对付腊肠这个黑帽子黑客。我的计划是，先去我们发现的腊肠藏身的计算机，用套来的密码在那里寻找腊肠的其他副本的位置信息。注意，千万不要被他发现了！在找到全部副本后，我们才可能彻底消灭腊肠。你们准备好了吗？"

"准备好了！少年黑客，对抗邪恶！"

"好，我们出发！"

神威能带领大家顺利完成彻底消灭腊肠的计划吗？请看下一章。

趣知识

本章介绍了社交工程学攻击。这种攻击的突破口不是计算机系统的漏洞，而是安全意识不足的人。

如果我们主动把密码告诉骗子，那么密码强度再高也无济于事；如果我们听信骗子的话关闭了系统的防护功能，那么系统的防护功能再强也是枉然。因此，相对于系统整体的安全性，人们的安全意识也是非常重要的一部分。

如何识别社交工程学攻击呢？以下做法供你参考。

1. 不可仅凭聊天的文字就认定对方身份。对方有可能盗了你熟人的社交软件账号与你聊天。通过语音和视频的方式确认，安全度会高一些，但是现在语音和人脸的替换技术也日益成熟了，所以这两种确认的安全度也有所降低。

2. 当对方索要信息，尤其是机密信息（如密码、验证码）时，要极为警惕。

3. 当对方让你做的事情会降低系统安全性时，要特别警惕。

4. 当对方的话让你产生了恐惧、害怕或异常欣喜的情绪时，要冷静下来，不乱方寸。

5. 当你不确定是否遇到了社交工程学攻击时，要联系有经验的安全专家或报警寻求帮助。

6. 不点击陌生链接。

7. 安装国家反诈中心 App。

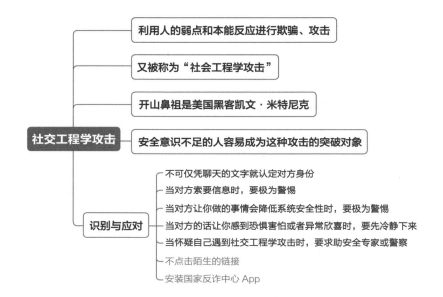

社交工程学攻击

- 利用人的弱点和本能反应进行欺骗、攻击
- 又被称为"社会工程学攻击"
- 开山鼻祖是美国黑客凯文·米特尼克
- 安全意识不足的人容易成为这种攻击的突破对象

识别与应对
- 不可仅凭聊天的文字就认定对方身份
- 当对方索要信息时，要极为警惕
- 当对方让你做的事情会降低系统安全性时，要极为警惕
- 当对方的话让你感到恐惧害怕或者异常欣喜时，要先冷静下来
- 当怀疑自己遇到社交工程学攻击时，要求助安全专家或警察
- 不点击陌生的链接
- 安装国家反诈中心 App

第 15 章
再攻腊肠藏身处

...... 什么是加密与解密 ....|

在神威的带领下，大家再次来到腊肠所在的计算机。因为这一次已是轻车熟路了，所以很快就到了。

在虚拟网络空间中，腊肠所在的计算机看上去仍是那座大城堡的样子。大家来到城门前时，神威推了推城门，门上出现了密码输入窗口。神威输入了从光头那里获得的密码。门慢慢开了，神威带着小 G 他们悄悄地溜了进去。

城里是一片巨大的广场，中间有一个高高大大的黑色的机器人正在来回踱步，发出"锵锵"的声音。他穿着厚厚的铠甲，身后挂着一把巨大的剑，背着一个大大的背包，包上锁着一把大锁。

大家躲在城门口的一块大石头后面。小 G 问道："神威，这应该就是腊肠的虚拟形象吧？看起来和上次追杀我们的那个差不多。"

神威点点头："是的，这应该就是腊肠的一个副本。大家要小心一点。"

小 G 悄声说："那我们如何找到腊肠的其他副本所在的位置呢？"

神威问小 G："别急，我们先来分析一下。你觉得和上次看

到他时，他有什么不一样吗？"

"嗯……上次看到他时，他身上没有包，更没有包上的那把锁。"

"这个包里面应该是他携带的一些重要信息。包上面有锁，说明这些信息是经过了加密的。"

"原来如此啊，这个锁说明信息加密了，"大K挠了挠头，"里面会有什么重要的信息呢？"

小G问道："腊肠会不会把其他副本在网上的位置信息放在了这个加密的包里呢？"

神威点了点头："对，我也是这么认为的。如果他要将其他副本的位置信息藏起来，那么这个包就是最好的地方。"

小美想了想说道："既然腊肠把这些信息加密了，那么我们只要解密就可以得到想要的信息了吧！"

"道理的确如此，但摆在我们面前的实际情况会复杂得多。你们是否了解关于加密解密的知识？"

我在编程课上，老师给我们讲过相关的内容。我记得加密就是把原来看得懂的信息变成看不懂的信息，解密就是反过来。

这么理解也没错。加密，最早是因军事指挥需求而出现的。比如，在战争时期，指挥部要给前线的部队传递一份作战命令，便写了一封信让通信兵送去。要是通信兵在半路上被敌人拦住，那么他带着的信就很可能被搜出来，敌人很容易就会知道命令的内容。

是啊！这样敌人就能知道指挥部的计划了。所以，命令不能直接写在信上。

古代打仗时，古人就想到了这一点，很担心军事秘密会被泄露出去。对此，传说古罗马帝国的皇帝恺撒发明了一种加密方法，用于与远方将领的通信上。他的加密方法是，将每个字母向后位移三个位置，即 A 换成 D、B 换成 E、C 换成 F……依此类推。

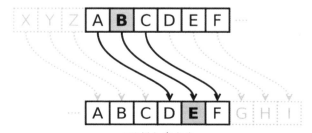
恺撒加密方法

这个方法不太牢靠吧？规律好像比较容易被看出来。

是的，在这种加密方式中，每个字母替换的规律都是一样的，不太安全，因此很容易就能被解密。后来，人们改进了这个方法，制作了一个对应表，将每个字母对应另外一个字母，而且对应关系没有规律。比如，A 对应 F、B 对应 X 等。将这种对应关系写下来就形成了密码本。消息的发送方和接收方会事先约定好使用相同的密码本。发送消息前，发送方会根据密码本把内容替换成对应的加密消息；接收方在收到信息后，再根据密码本还原发送方原本想表达的内容。

腊肠会不会用的就是这种方法呢？

其实，尽管这种加密方式看起来复杂，但它还是有缺陷的，也很容易被解密。

啊？如果密码本不被泄露，应该挺安全的呀！

有一种叫作频率分析的破解方法。对于字母语言，如英语，字母出现的频率是不一样的。出现最多的是字母 E，频率超过 12%。在我们拿到了足够多的加密信息后，可以统计一下字母的出现频率，看这里面用得最多的字母是什么。假设是字母 Y，我们就可以猜测加密者使用了字母 Y 代替字母 E。也就是说，我们可以按照这种字母出现频率作为线索来破解密码。

哇，还有这么巧妙的破解方法！既然这种加密方法不是很安全，那么我估计腊肠也不太可能根据密码本来替换字母了。

加密和解密的方法一直在不断地完善。每当出现一种加密方法时，都会有人来研究如何破解它。破解之后，又会有新的更强的加密方法出现。第二次世界大战时，德国使用一种名为"恩尼格玛"的密码机来加密消息。密码机在不断地升级，越来越复杂。同盟国的密码学家们则一直努力破解。英国数学家、计算机科学家、被誉为"人工智能之父"的艾伦·图灵，也在破解恩尼格码密码机的过程中起到了非常重要的作用。

小 G 说道："没想到加密解密还有这么多故事。"

大 K 问："那腊肠使用的到底是什么方法呢？"

神威说道："刚才我说的都是一些早期的加密方法。在第二次世界大战后，密码学得到了很大的发展。而且，我们需要加密的数据不再限于书写的文字，还可以是图像、语音等。计算机对数据加密时，要使用一种叫作'密钥'的东西。发送者用密钥对数据进行加密，接收者再用密钥把数据解密。只要密钥不被别人知道，数据就是安全的。"

小美恍然大悟地说："看来，我们只要找到解密密钥就能解密了！"

神威说道："是的，也就是说，我们要找到能打开腊肠背包上那把锁的钥匙，也就是解密密钥。"

小 G 想了一下，提出了不同的意见："**神威**，我觉得还有一种方法。"

"什么方法？"

"我猜，腊肠很可能会把其他副本的地址都写在一个本子上，然后锁在他的背包里。如果有其他副本搬家了、地址变了，或是创建了新的副本，就会通知他修改。这样一来，他就会打开背包，拿出本子来改，改好了再放回背包里，锁起来。"

"对，没错。"

"如果在他刚刚改好但还没来得及放回背包的时候，我们把他逮住，不就可以获得他的本子，拿到其他副本地址了吗？然后，我们只要根据拿到的地址在网络上继续消灭其他副本就行了。"

神威点了点头，说："对！这确实是个可以尝试的方法。这样我们就不需要寻找解密的密钥，只需要等待合适的时机攻击腊肠就好了。不过，我猜测并不是每个副本都会有一份包括全部副本的地址表。如果把网上所有的腊肠副本看作一个大的神经网络，那么我猜测只有其中少数的几个重要的副本才会有地址表。"

话音刚落，大家发现空中有一个信封飞到了腊肠旁边。腊肠打开一看，就把背包解开了，从里面拿出了一卷纸。纸卷展开后，可以看到上面密密麻麻的都是字。他在其中的一个地方做了修改，又卷起来放回背包，锁了起来。

神威小声地对大家说："我们运气不错，看来这个副本确实有地址表。我们现在回去,准备好攻击他的程序。下一次再来,就可以大展拳脚了。"

"好的！"大家答应着，准备撤离了。

他们刚想退出城堡，却发现腊肠正朝着他们藏身的地方冲了过来，还大声喊着："神威！这次我不会再这么轻易地让你跑掉了！"

神威回头一看，沉着地告诉大家："我被发现了，你们快走，我来掩护。小 G，有问题就去学校的大型机找我。记住，千万不要让大型机连接网络！"

刚说完，腊肠已经冲到了神威身边，挥着一把亮闪闪的剑刺了过来。神威手一挥，把少年黑客们推出了城堡。

神威这一次能逃过腊肠的攻击吗？请看下一章。

趣知识

本章介绍了一些关于加密和解密的知识。加密和解密是计算机科学中一个非常重要的领域。我们在日常使用计算机和网络时也大量使用了加密解密技术。

你可能会感到好奇：我们上网时需要加密吗？不加密会有什么问题？

其实，我们使用的互联网由很多设备组成，数据会通过这些设备组成的网络传输。在传输的过程中，这些数据完全可能会被中间的传输设备复制下来，而这些数据中可能包含了很多隐私秘密。

你可能听说过"棱镜计划"，这是一项由美国国家安全局自 2007 年起开始实施的绝密电子监听计划。根据爱德华·斯诺登 (Edward Snowden) 披露的文件，美国国家安全局可以监听并获得大量个人聊天日志、存储的数据、语音通信、文件传输、个人社交网络数据等信息。可见，我们在使用互联网时，确实有必要将数据加密，否则很可能被监听。

以下是几个加密和解密算法中的概念：

- 明文：原始信息
- 密文：加密后的信息
- 密钥：加密和解密时使用的特殊信息
- 算法：加密和解密的具体方法

以故事中的恺撒加密方法为例，比如"ATTACK AT NINE"这句话是明文。加密之后变成"DWWDFN DW QLQH"，这就是密文。算法是将字母后移三位。后移三位的这个"三"便可视为密钥。

加密和解密的知识很多，后续还会为你讲解。

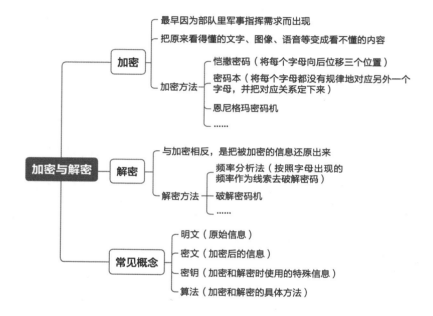

第 16 章
又见神威

...... 什么是脑机接口 ....

神威把小 G 他们推出了城堡，独自去抵挡腊肠的攻击。

当小 G 他们转身想再进入城堡去找神威时，却发现城堡消失了，他们只好退出了网络空间。

小 G 发现，那部被腊肠控制过的手机好像也不再被控制了，无法再像之前那样寻找控制源头了。而且，他们也无法找到光头使用的笔记本电脑了，他可能已经换了一个地方上网。

接下来的几天，三个小伙伴都没有神威的消息，他们非常担心。

小 G 想起来，神威在最后时刻让他去找存储在学校机房大型机上那个神威的副本。于是，小 G 和大 K、小美来到了学校机房。

小 G 告诉白老师，他组织了一个学习小组，要来学习大型机。白老师很高兴，允许他们放学后留在机房里学习。

等到机房里其他人都走了，小 G 启动了大型机上的神威副本。

屏幕上出现了一行字："神威启动完毕。"

小 G 在键盘上输入："神威，我是小 G。"

"小 G 你好，现在是什么情况？"

"你在网络上的最后一个副本也被腊肠攻击了，已经三天没有消息了。"

"哦，那他大概已经不在了。"

小 G 有点不明白："为什么说'他'呢？那不就是你自己吗？"

"嗯，虽然我们都是神威，但是关系就有点像同卵双胞胎。也就是说，虽然彼此的基因高度相似，却是不同的人。以前网上有很多副本，这些副本间相互联系，形成了一个整体的神威，我现在的这个副本却和他们没有联系，是独立的。"

"这么说，网络上的神威已经牺牲了？"

"对，恐怕是这样的。你现在需要带领你的团队，和大 K、小美一起对付腊肠了。"

小 G 读到这里时非常难过，眼泪在眼眶中转。小美轻声哭泣着，肩膀微颤。大 K 双手抱着头，眼圈也红了。

小 G 忍着难过，继续问："那么，你能帮我们吗？"

"当然可以了！不过，这台机器速度不是很快，要想进行大量运算，就需要较长的时间。另外，我也暂时不能连接网络，所以我也没法查找资料，这也在一定程度上削弱了我的能力，所以能给你们提供的帮助是非常有限的。接下来，你们可能就要更多地靠自己学习和研究了。小 G，我和那个已经牺牲的神威都认为你们少年黑客团有能力解决腊肠的威胁，也希望你们相信自己！"

小美突然想到什么，输入一句话："那个作为人类的**神威**，是不是也在与机器人作战时牺牲了？"

屏幕上的显示迟疑了一会儿："也不能这么说，作为人类的**神威**受了重伤，在他的大脑死亡之前，他的意识被逐渐转移到了计算机里。"

屏幕上的文字停了一会儿，又继续了："其实，要做到意识连续地从人脑转移到计算机，可以采用逐步替换的原则。"

"先把人脑与计算机相连，成为跨越物质载体的生命形态，然后再逐步去除对人脑部分的依赖，成为独立的基于计算机的数字生命形态。"

"不管怎么样，你们要担负起更重的责任了。加油！"

说完这些，他的输出停止了。

少年黑客们默默地离开学校，很长时间没有说话。

神威说，可以把人脑和计算机连接在一起，成为跨越物质载体的生命形态，你们觉得是怎么实现的？

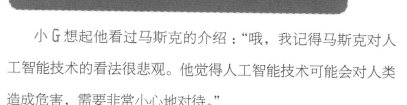

我看到过介绍，现在已经有这样的研究在开展了。神威眼镜，查一下美国的 Neuralink 公司。哦，资料显示，2016 年夏天，Neuralink 公司在美国成立。电动车公司特斯拉的 CEO 埃隆·马斯克（Elon Musk），也是这家公司的创始人之一。这家公司在开展脑机接口项目，他们试图研发一种技术，将人脑与计算机系统融合在一起。这种利用脑机接口实现的融合，将有助于治疗人类的脑部疾病，而且很可能会使人类变得更加强大。

小 G 想起他看过马斯克的介绍："哦，我记得马斯克对人工智能技术的看法很悲观。他觉得人工智能技术可能会对人类造成危害，需要非常小心地对待。"

小美说道："是啊，他认为人工智能将来肯定会超越人类，人类要想不被人工智能碾压，就要与人工智能结合在一起，成为一种新的智能形式，所以他才要研究脑机接口技术。"

小 G 笑了："打不过人工智能，就干脆跟人工智能一伙算了。"

小美说道："对啊，这就是马斯克的想法。"

大 K 说道："哦，这种技术已经在研究中了。对了，**神威说**，要把人脑的意识上传到计算机，需要采用逐步替换的方法，我

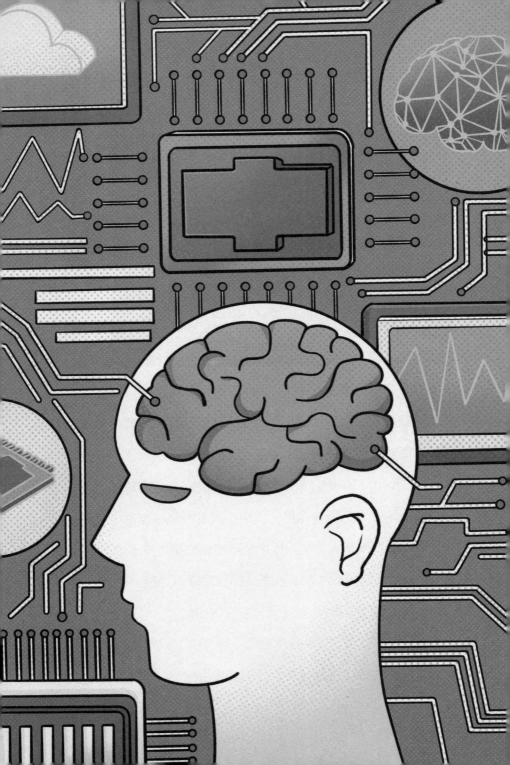

对这有点不明白，你们听懂了吗？"

小美想了想说："我看过一个故事，叫作忒修斯之船，感觉那个概念和神威说的有点相似，我可以试着解释一下。"

大K很感兴趣："什么样的故事？说来听听。"

"古希腊的城邦雅典有一位国王，名叫忒修斯。他从克里特岛回到雅典时搭乘的船被雅典人留下来做纪念。时间久了，有的木头逐渐腐朽了，雅典人就会更换新的木头来替代。最后，这艘船的每根木头都被换过了。看到这个情况，哲学家们就问，这艘船还是原本的那艘忒修斯之船吗？如果你说是，但它已经没有最初的任何一根木头了；如果你说不是，那它是从什么时候起不是的？"

"啊……这……到底是不是呢？"大K皱着眉头想，过了一会儿，他说道，"哦，我明白了。作为忒修斯之船，只要是逐步替换的，就能保持整体的一直延续。这与神威所说的'逐步解除对人脑的依赖，就能保持意识的连续性'的道理是一样的。"

小G也点点头："嗯，我觉得小美的这个比喻挺恰当的。"

大K说道："现在神威能帮助我们的很有限，我们得自己想办法对付腊肠了。小 G、小美，你们有什么办法吗？"

小 G 说道："之前咱们好不容易才找到的那个腊肠副本已经不见踪影了，而且所有指向副本位置的线索也都断了。"

"那怎么办？咱们真的什么都干不了了吗？"

小 G 说："我觉得，咱们还要等待时机，要等腊肠主动暴露自己。要是神威在这儿，他也会同意这么做的。当然，咱们还可以想想，咱们可以做点什么让腊肠快点暴露自己。"

小美说："咱们都好好想想，要是谁想到什么好主意，那么随时都可以通过神威眼镜来讨论。我更担心的是，毕竟咱们的技术水平有限，就算咱们找到了腊肠，要如何消灭它呢？对此，咱们可能还需要准备好攻击武器。"

小 G 点点头："小美说得对。咱们应该先准备好攻击腊肠的程序，然后等待腊肠暴露，再想办法消灭它。我们分头准备吧！"

小美说道："我来负责准备攻击程序的事情吧。"

小 G 说道："好呀，你对攻击程序最熟悉了。我负责跟神威副本的沟通吧，和他商量制定计划细节。"

大 K 说道："那我协助你俩，看有什么事需要我一起做，就跟我说。"

三个小伙伴商量好了，虽然心里还没有底，但是大家都希望能够快点找到腊肠的所有副本并消灭他们。

少年黑客团能成功吗？请看下一章。

趣知识

本章介绍了脑机接口技术。其实，"脑机接口"这个概念很早就出现了，但直到 20 世纪 90 年代才出现了阶段性成果。

在"脑机接口"这个词中，"脑"指的是有机生命形式的脑或神经系统，"机"指的是计算设备，"接口"指的是直接连接通路。注意，"脑"不一定是指生物的脑，还可以是神经系统。

脑机接口分为单向接口和双向接口。单向脑机接口允许计算机接收脑或神经系统传来的信号，或是发送信号到脑或神经系统，但只能支持单向的信号传输。双向脑机接口则支持双向的信号传输。

脑机接口的关键是把生物神经系统与计算设备的电路连接

起来。

人工耳蜗是一种比较简单的脑机接口设备。

我们听到的声音，来自空气中传播的声波。人的耳部就像一个卫星接收器，但接收的不是无线电波，而是声波。接收声波后将其汇聚到外耳道，然后传到鼓膜，鼓膜的振动可带动与之相连的听小骨，听小骨的活动又可将振动传到内耳。在内耳中的毛细胞将声音信号转换为生物电信号传入听神经，再通过听神经输送到大脑的听中枢，经过大脑听觉中枢分析产生听觉，由此我们才真正"听"到声音。

可见，在听神经受到生物电刺激之前有很多步骤，一旦在其中某一步出现问题，就会出现耳聋的症状。如果听神经没有问题，那么借助人工耳蜗可以治愈耳聋。其原理为，人工耳蜗接收周围环境的声音，产生电信号刺激人的听神经，使耳聋患者恢复听力。

人工耳蜗连接的是听神经，而连接大脑的脑机接口则复杂很多。

目前的脑机接口技术还不是很完善。未来，当脑机接口技术发展到一定程度时，不但能修复残障人士或病人受损的功能，还能增强健康人的身体功能。例如，可以借助它治疗患者的抑郁症和帕金森病，可以用它改变人的一些脑功能和个性，还可以用它增强人的记忆力等。不过，这也可能会引发一系列伦理问题的争论。

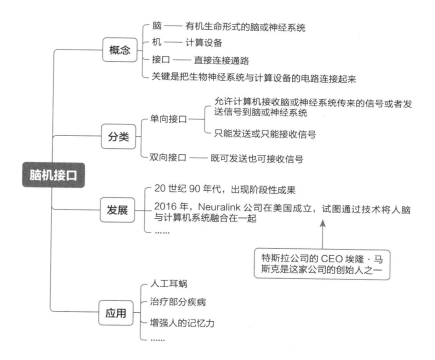

第17章
设置蜜罐

...... 什么是蜜罐技术........................|

第二天，小 G 独自来到机房，坐在大型机旁边和**神威**沟通。

小 G 在键盘上输入："**神威**你好，我是小 G。"

屏幕上出现了**神威**的回答："你好，小 G。"

"**神威**，我们的计划是，先准备好攻击程序，等腊肠再次出现时就攻击它，你觉得这样可行吗？"

"我算一算，稍等。"

过了几分钟，**神威**回答："目前的情况是需要等待，等待的时间里可以编写攻击程序。"

"攻击程序的准备工作目前由小美负责，但我们几个都对攻击程序不太熟悉，能不能指导我们一下？"

"我这里有少量几个关于攻击程序的例子，你们可以学习一下。"

"为什么只有少量？"

"因为当我从未来传输过来时，没有计划要进行大规模攻击，所以为了减少数据量，携带的攻击程序不多。"

"你也要攻击计算机吗？"

"对。当找到一台适合我运行的计算机时，我就要用攻击程序攻击它，在获得管理权限后，我才能把我的副本放上去运行。不过，针对不同种类计算机的攻击程序是不一样的。"

"哦，那是不是说，你带的攻击程序不多，所以可以运行副本的计算机也是有限的？"

"对。而且，我只找一些闲置的计算机，不会主动对它们造成破坏。我不像腊肠，他是毫无顾忌的。"

"腊肠会不会有很多的攻击程序？"

"是的，这也说明适合他的副本运行的计算机类型会有很多，而且他的副本数量也可能非常大。"

"这样看来，我们需要准备很多不同的攻击程序才能把他彻底消灭吗？"

"是的，需要很多不同的攻击程序。"

"你有什么办法吗？"

"目前还没有，这就需要你们自己想办法解决了。"

小 G 只能和神威告别，带着一些攻击程序的例子回去，准备和大 K、小美一起学习。虽然他知道这些攻击程序是远远不够的，但是也可以增强他们的攻击技术，为消灭腊肠做准备。

放学后，少年黑客们聚在一起，交流各自的进展。

小 G 向大家转述了神威的看法——腊肠的副本可能会在多

种类型的计算机上运行，要想消灭腊肠所有的副本就需要很多不同的攻击程序，但目前神威手中只有少量的攻击程序，需要尽快着手准备起来。

小美告诉大家，根据上次发现的腊肠副本藏身的计算机类型，她找到了一些攻击程序，但不是很明白，还在研究。

大K说，他这几天监视了长发和光头的行踪，目前看他们并没有什么行动，总是窝在家里不出来，似乎是在等待命令。大K觉得，可以先试着用社交工程学的方法再套一下他们的话，看看能不能获得一些线索。

大家商议了一下，觉得可以先试一试大K的建议。

像上次一样，做好了准备，还是由小美来输入。

小美拨通电话，那边很快就接了。

小美输入说话内容："是我。"

"老大，您终于联系我们了。这些天我访问不了原来的网址了，您也没有联系我们，我们都不知道该干什么了。"

小美想了一下，输入："嗯，等待命令。"

"好的，老大。"

小美挂断电话后，大家在一起呆坐了一会儿。

小 G 打破了沉默："腊肠怎么躲起来了呢？怎么都没有联系光头他们呢？"

小美判断说："我估计是腊肠知道了**神威**在网上的副本已经没有了，他以为自己想阻止**神威**招募少年黑客的计划已经得逞，所以暂时躲起来，观察后续事态的发展。"

小 G 拍了一下桌子，赞同地说："对呀！假如腊肠发现**神威**还有其他副本，他应该就会再次出现，对不对？"

小美和大 K 点点头。不过，小美有点担心地说："小 G，你别闹了，如果腊肠知道咱们学校的大型机里存着**神威**的副本，那岂不是很危险吗？**神威**只剩下这一个副本了，他不能再遭遇不测了！"

大 K 听了小美的话，也紧张地皱起眉头。

"哎呀，我不是说真的告诉他们，而是说可以弄个假的**神威**引腊肠出来。"

"哦，原来是这样！"大 K 松了一口气。

小 G 说道："我的计划是，用个假的**神威**把腊肠引出来。呃……不过有个问题是，腊肠出现之后，我们需要很多不同的攻击程序来攻击他的所有副本。我建议，找其他的白帽子黑客一起来想办法。"

小美有些顾虑地说："我们现在还不认识其他黑客呀！用这个方法就要花很多时间。而且，要做到完全没有遗漏也是很困难的，我们并不知道腊肠会在哪些种类的计算机上运行，要是他现身时，我们并没有他所在的计算机相应的攻击程序，那不就很麻烦了吗？"

小G点点头："是啊，这是一个很困难的问题，我也想了很久，但还是没有想到什么好办法。"

小美说道："那天我们在腊肠副本那里，你提出如果拿到腊肠副本地址表就可以逐一消灭所有副本，**神威**同意了。我觉得他应该是有办法可以同时解决掉那么多副本，所以才会觉得这个方法可行。可是，会是什么方法呢？"

三个小伙伴都陷入沉默。

小G突然兴奋地说："啊哈！原来这么简单，之前我怎么没有想到呢！**神威**告诉过我们，网上腊肠的副本都连在一起，形成了一个整体的神经网络。如果我们成功攻击了其中一个副本，再施放一个专门感染腊肠副本的病毒，沿着腊肠的神经网络感染下去，不就可以把他所有的副本都杀掉了吗？"

小美禁不住给小G鼓起掌来，开心地说："对！我觉得这

个思路很好，先击破一点，再从内部瓦解整体。"

"耶！太好了！我们有办法啦！"大 K 高兴得把小 G 抱起来转圈圈。

小美也笑了起来："你俩别闹了，还有好多细节要计划呢！"

大 K 和小 G 连忙乖乖地坐下来。

我觉得咱们可以用一种蜜罐技术来引诱腊肠，这是我前几天刚看到的。

蜜罐？是装蜜的罐子吗？腊肠喜欢吃蜜吗？

这只是打个比方，"蜜"是指诱饵。也就是说，我们通过设置诱饵，故意让敌人来实施攻击，然后去分析其攻击行为，了解敌人使用的工具和方法，再有针对性地提升自己的防护能力。具体到我们的情况就是，我们可以引诱腊肠在蜜罐中建立一个新的副本，通过观察这个副本在蜜罐里的活动，找出腊肠的漏洞，写出一个可以让腊肠的副本感染的病毒。在蜜罐里的腊肠副本感染病毒后，他会再感染其他所有的副。

小 G 听后，思考了一会儿问："如果腊肠发现自己进入了一个蜜罐，那会怎么样？"

大 K 说道："如果他发现了，就应该会跑出去吧？"

小 G 追问："如果蜜罐已经困住他了，他跑不掉呢？"

小美说："他应该会切断和其他副本的联系，牺牲这个进入蜜罐的副本。这样一来，我们就无法通过他感染其他副本了。"

大 K 说："也就是说，在腊肠的新副本意识到自己在蜜罐中之前，我们就需要写出病毒，这样他才能去感染其他的副本，对吗？"

小 G 说："嗯，要达到这个要求挺困难的，但这是目前咱们能想到的最佳方案了。"

小美说："我对这个方案有信心，我相信咱们一定能成功借助蜜罐抓住腊肠。"

小 G 点点头："嗯，那就这么办。小美，你会设计蜜罐吗？"

"我可以查资料试试看。"

"我也去找神威问问，也许他知道怎么设计蜜罐。"

少年黑客们究竟要如何布置蜜罐呢？能不能让腊肠上当呢？请看下一章。

趣知识

本章介绍了蜜罐技术。我们使用这种技术可以吸引攻击者来攻击，通过观察他的行为来研究对策，还能记录他的攻击行为，在他被抓住后作为其犯罪证据。如果攻击者的电脑存在漏洞，那么这也可以为反向攻击提供便利。

这有点像谍战片里的场景：我们怀疑敌方间谍已经潜入，便利用一些看似很有价值的假情报让他们上钩，使他们自己暴露身份，然后实施抓捕。

蜜罐

　　搭建蜜罐时，通常要尽量搭得像是一个真的有漏洞的业务系统。我们还可以在上面放一些看似有用的数据，吸引黑客来攻击。

　　另外，大家使用蜜罐时也需要很小心，防止黑客把蜜罐当作攻击的跳板，这样反而会降低系统的安全性。

　　蜜罐是一种欺骗黑客的手段，我们也要防止黑客在识别出蜜罐后反过来迷惑我们，即故意假装攻击蜜罐，提供一些错误的信息。这种情况时有发生。

　　蜜罐分为产品型蜜罐和研究型蜜罐。

　　产品型蜜罐提供网络安全保护，能进行攻击检测、预警、取证，通常很容易部署。大部分的蜜罐软件都属于这一类。

　　研究型蜜罐用于对黑客攻击做研究。通过部署研究型蜜罐，我们可以追踪和分析黑客的行为，了解黑客使用的攻击工具及方法。这种蜜罐通常都会面对高频、高强度的网络攻击。研究型蜜罐一般是作为安全组织、政府机构研究和检测网络攻击的工具。

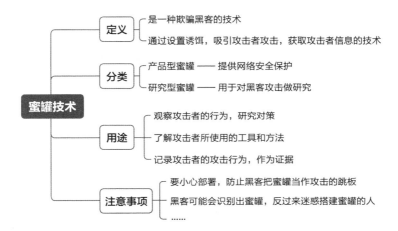

- **蜜罐技术**
  - **定义**
    - 是一种欺骗黑客的技术
    - 通过设置诱饵，吸引攻击者攻击，获取攻击者信息的技术
  - **分类**
    - 产品型蜜罐 —— 提供网络安全保护
    - 研究型蜜罐 —— 用于对黑客攻击做研究
  - **用途**
    - 观察攻击者的行为，研究对策
    - 了解攻击者所使用的工具和方法
    - 记录攻击者的攻击行为，作为证据
  - **注意事项**
    - 要小心部署，防止黑客把蜜罐当作攻击的跳板
    - 黑客可能会识别出蜜罐，反过来迷惑搭建蜜罐的人
    - ……

第18章
自动驾驶抓捕计划

...... 什么是自动驾驶 ....|

在少年黑客们决定采用蜜罐的方法来引诱腊肠攻击后，在接下来的一个多月的时间里，他们一边继续学习黑客技术，一边详细地计划着抓捕腊肠的行动细节。在这段时间里，他们以"少年黑客"的名义在白帽子黑客社区发表了一些关于漏洞研究的文章，并注明指导人是神威。他们希望这些文章能引起腊肠的注意。

终于，有一天在回家的路上，光头和长发迎面走过来，小G心里暗喜。

光头斜眼看着小G："这位少年黑客，我们老大让我问你一句话。"

小G装作有点害怕的样子，声音有点颤抖地说："什，什么？"

"神威是不是还在教你黑客技术？"

"啊？没，没有啊。"

大K勇敢地走上前，把小G护在身后，冲着两个坏蛋大声地说："我警告你们，以后不要总缠着我们！我们正好还想问你们呢，神威是不是被你们害了，我们根本找不到他！"

光头脸上流露出不相信的神情，但也没多说什么，就拽着长发走了。

小美还时刻准备着报警呢，没想到他们这么快就走了。

大 K 问小 G：“你觉得他们相信吗？”

“不知道，但也只能试试了。估计腊肠现在已经怀疑**神威**还在了，否则也不会让光头和长发来试探，很可能还会让他俩实施监听。我们需要继续进行接下来的计划了。”

小伙伴们一起来到了小 G 家。小美坐在电脑前，准备向语音合成程序输入内容。小 G 坐在书桌前。大 K 负责整体协调，他看到小美和小 G 都点了点头，知道这表示他们已经准备好了，便说道：“好，我们马上开始。三，二，一。”大 K 关闭了声音屏障，让光头和长发可以通过窃听器听到他们的说话声。

小 G 说：“**神威**，刚才光头和长发问我，你是不是还在教我。”

小美在语音合成程序里面输入，用音箱放出了假的**神威**的声音：“你是怎么回答的呀？”

“我肯定不会告诉他们啊！”

“嗯，很好。这真的是我最后一个副本了，千万不能让他们知道。”

小 G 继续编下去：“**神威**，腊肠都不知道你还有个副本，你说，他是不是很傻啊？"

"啊，也不能说他傻吧，只是他的算法能力有限，不知道就算我不连接网络也可以教你们，还能招募新队员呢！"

"**神威**，接下来我们要继续壮大队伍。"

"当然，我们的队伍还要继续壮大，你们将来一定都会是黑客领袖的好帮手！"

"明天周末，爸爸借了一辆很酷的有自动驾驶功能的车，说要带我们去郊游，你也一起去吧？"小 G 一步步地按照事先他们商量好的计划推进。

"我怎么去呢？"

"我把你运行的这台计算机放在车上就行了。不过，我得暂时关闭电源，你在计算机里休眠，可以吗？我不太放心把你留在家里，万一腊肠趁我们不在家来找到你就麻烦了。"

"嗯，可以。我得提醒你，现在的自动驾驶技术还有些不够成熟，你们路上要小心一些。"

自动驾驶会有安全问题吗？

从理论上讲，自动驾驶汽车是比人驾驶更安全的。它不需要人类操作，自己就能感测环境和导航，对潜在危险做出恰当的反应，而且其反应比人类驾驶更为迅速。此外，机器也不知疲倦，不像人类驾驶员那样会出现疲劳驾驶的情况。

你说从理论上讲，自动驾驶汽车比人驾驶更安全，那实际上呢？应该也会存在安全问题吧。

是啊，并不存在绝对的安全。从驾驶汽车的角度来说，自动驾驶系统要处理各种突发的道路和天气情况。如果处理不好，就可能会发生车祸。另外，在自动驾驶的算法中还有隐藏的bug，也可能会导致车祸。特斯拉自动驾驶就出现过好几起事故。比如，2018 年，一位特斯拉电动车车主驾驶特斯拉 Model X 在美国加州 101 高速公路撞上中间隔离栏后不幸离世，当时那辆车就处于自动驾驶状态。

啊，好吓人啊！我还是让爸爸把车还回去吧！

哈哈，那也没有必要，只需注意驾车时双手不离方向盘，出现问题及时解除自动驾驶，转为人工驾驶就可以了。

自动驾驶还有其他问题吗？

自动驾驶还有一些信息安全问题。

是会被黑客攻击吗？

对呀。自动驾驶汽车基本上都有很复杂的车内信息系统，一旦被黑客成功攻击，就会导致不可预料的后果。2015 年，两名美国白帽子黑客就发现了 Jeep 自由光 SUV 汽车的漏洞。他们利用漏洞可以向发动机、变速箱、制动模块、转向等系统发送错误指令。在演示中，他们使一辆车翻到马路边的斜坡下。他们把漏洞细节报告给汽车生产商克莱斯勒。克莱斯勒为了修复漏洞，在美国召回的车辆达到 140 万辆。

还好是白帽子黑客发现了漏洞，厂家修复了，要是被坏人利用了可就惨了。这个 Jeep 自由光 SUV 汽车是自动驾驶汽车吗？

那倒不是。不过，自动驾驶汽车的信息系统比 Jeep 自由光 SUV 更复杂，也会面临黑客攻击的危险。

"神威，你说腊肠会不会攻击老爸借来的车呢？"

"不会吧，他不知道我在，应该没事的。"

"嗯，那我们明天还是按计划出去玩。"

说到这里，大 K 把声音屏障打开了，并做了个"OK"的手势。大家长舒了一口气。

小 G 问大 K："怎么样，像不像正常的我跟神威说话啊？"

大 K 点点头："很像，我觉得腊肠不会怀疑的。"

小美靠在椅背上，揉了揉眼睛。

大 K 向小美竖起大拇指："小美找的这些资料真好，就像真的神威跟我们讲似的。"

小美说："今天还比较顺利，但关键还要看明天。"

"是的。"小 G 说道，"明天就是决战了，咱们今天就做好

准备。"

小美说："明天腊肠进入蜜罐之后，我和大K会仔细观察腊肠在蜜罐中的行为，找出他的漏洞，尽量在他发现自己进入蜜罐之前就写出感染他的病毒。"

小G说道："嗯，明天我在车上操作蜜罐。咱们再一起检查一下环境。今天咱们多演练几遍吧，确保明天不出问题。"

"好的。"大K和小美答应道。随后，三个小伙伴一起仔细地检查，又演练了很多遍。最后约好，第二天一早在小G家里集合。

腊肠会不会上当？少年黑客们能顺利消灭腊肠吗？请看下一章。

趣知识

本章介绍了一些自动驾驶技术。就像故事中提到的，自动驾驶技术如今正在迅猛发展，开始进入我们的日常生活。虽然自动驾驶汽车仍有一些不足之处，但从理论上讲，自动驾驶更安全、更节能，是未来的发展方向。

　　自动驾驶技术是一种综合性的技术，最重要的是人工智能。人工智能是自动驾驶技术的核心，用于感知车辆和环境情况，并做出决策。

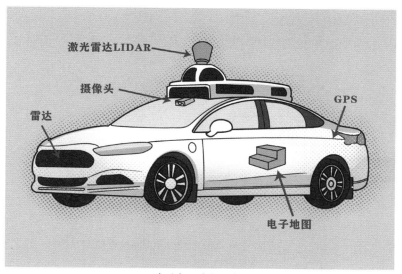

○ 自动驾驶车辆示意图

　　自动驾驶汽车会通过摄像头、雷达、激光雷达、GPS 等设备感知车辆和环境的情况，这些设备收集到的原始数据经过车上的电脑（即自动驾驶芯片）的处理后，能得出有用的信息。比如，摄像头拍摄到车辆前方的画面后，自动驾驶芯片会用人工智能算法分析画面，识别出其中的道路、行人、障碍物、交通标志等，然后做出行驶、加速、减速、停止、转向、变道等决策。

　　自动驾驶芯片相当于自动驾驶车辆的大脑，技术难度大，生产门槛高。目前用得较多的是英伟达（NVIDIA）和Mobileye 的产品。

　　我国也在发展自动驾驶芯片，涌现出了一批高科技企业。

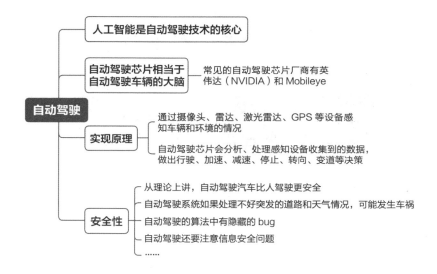

第 19 章
争分夺秒写病毒

....互联网上的病毒是如何传播的...

一大早，大 K 和小美就来到了小 G 家里。

爸爸问小 G："今天要拉着你去试试车，你的两位同学也和咱们一起去吗？"

小 G 说："只有我跟你去，小美和大 K 不去，他们需要用我的电脑完成一些作业。"

"好的，那咱俩现在就出发吧！"

小 G 坐到了车的后排，抱着一台笔记本电脑。这台笔记本电脑上运行着一台虚拟机，虚拟机里有一个模拟的自动驾驶系统，也就是大家一起精心设计的蜜罐。这个蜜罐连接了行车记录仪，行车记录仪拍到的路况视频能够实时接入，这样从蜜罐里看，非常像是真的自动驾驶。

等爸爸启动汽车后，小 G 就立刻把蜜罐连上了网。

过了一会儿，大 K 打电话来了："小 G 啊，你跟我要的音乐我找到了，怎么发给你呀？"

"啊，大 K 呀，我现在正在车上呢！要不你传到车的自动驾驶系统上吧，IP 地址是 21.0.0.98，我开了文件传输服务。"

"好的，地址是 21.0.0.98，对吧？我马上传给你。"大 K 故意大声地说。

这就是少年黑客们的计划——让坏蛋通过窃听器偷听到蜜罐的网络地址，报告给腊肠，引诱他来攻击。

小 G 的爸爸在前排说话了："你刚才说什么自动驾驶啊？"

"爸爸，你别管啦，我在和大 K 玩游戏呢！"

"哦，你坐稳点。咱们沿着海边兜一圈。"

"嗯嗯，爸爸你开吧。"

蜜罐本身存在着漏洞，连上网之后，立刻就吸引来一些漫无目的的胡乱攻击，小 G 看着这些攻击，没有一个像是腊肠。这个蜜罐模拟的是自动驾驶系统，但是这些攻击只是把这个蜜罐当作一台普通的计算机。小 G 焦急地等待着，但是一直没有发现他想要的那个攻击。

半个多小时过去了，小 G 的爸爸已经把车开了一圈，准备往家开了。

"小 G，怎么样？这车我感觉开着挺顺手呢。"

"爸爸，能在海边再兜一圈吗？我还没坐够呢！"

"还兜一圈啊？你下周不是要考试吗，不回去复习吗？"

"我会好好复习的，再带我兜一圈吧！"

"行，那我再带你兜一圈，然后你就必须回家复习功课了。"

又过了十几分钟，小 G 终于发现了可疑的攻击。这个攻击把蜜罐当成了自动驾驶系统，不仅进行攻击，还一直查看行车记录仪发送过来的视频。小 G 赶紧通过眼镜告诉了大 K 和小美，让他们一起来观察。

小 G 发现腊肠正尝试着在蜜罐里建立一个副本，看来已经骗过他了，他已经相信这是一个真实的自动驾驶系统了。

很快，腊肠的副本就已经在蜜罐里建好了，大 K 和小美也立即开始研究蜜罐中的腊肠副本。时间一分一秒地过去，他们还没有找到腊肠的弱点。大 K 通过眼镜告诉小 G，他和小美发现腊肠的程序非常严谨，近乎完美，找不到可以感染的漏洞。

小 G 一听着急了，连忙说道："大 K，我们赶紧按 B 计划行动。"

"好的，我已经把观察到的腊肠的信息放到白帽子黑客社区了。小美也在加紧研究。"

小 G 立即访问白帽子黑客社区，他看到了大 K 发的帖："来自少年黑客团，我们的口号是对抗邪恶。今日挑战题：有一个邪恶的人工智能代号 LC。他进入了蜜罐，但没有想到他的一切行为都在我们观察之中。请根据他的行为和代码信息找出漏洞，可供病毒感染……"

小 G 看了一遍，觉得没什么问题。他嘱咐大 K 一定要随时关注回复。小 G 还特地叮嘱大 K 和小美："注意，腊肠随时都有可能发现这是一个蜜罐，如果在他发现时咱们还没能制作好病毒，就只能取消行动了。"

小 G 焦急地等待着，突然，他发现有人回帖了，说他找到了腊肠程序里一个漏洞，可以被病毒感染。他赶紧呼叫大 K："你们快看，有人回帖了，赶快准备病毒！"

大 K 说道："嗯，我们已经看到了。这个漏洞隐藏得很深，很难发现。我和小美已经在根据漏洞准备病毒了，还需要一点时间。"

"大 K，如果腊肠开始尝试控制汽车，他就会发现这只是个假的自动驾驶。你们得加快。"小 G 想了一下，对爸爸说道："爸爸，前面是不是有个地方看起来挺危险的呀？"

"对啊！"爸爸说道，"前面有个大拐弯，如果速度太快就会冲进海里的。"

"我们大概需要多久能开到那里？"

"大概五分钟吧。"

"能不能开得慢一点，我想欣赏沿路的风光。"

"你是不是不想回去复习啊？"

"不是啦，就是想看看沿路的风光，好好放松一下。你放心，这圈兜完我肯定回去复习功课了。"

爸爸说道："那好吧，我稍微开慢一点。"

小 G 再次通过神威眼镜说："大 K、小美，我估计再过五分钟腊肠就会尝试控制汽车了。我已经让爸爸开慢一点了，但要是太慢了，也会引起腊肠的怀疑的。所以，你们一定要加快进度。"

"马上就好了！"过了一小会儿，大 K 沉着地说，"OK 了，我马上把病毒发给你。"

"好。"小 G 收到大 K 发来的病毒后，立刻把它放进蜜罐，很快就把蜜罐里的腊肠副本感染了。被感染的腊肠副本浑然不知，病毒又通过他传播出去，感染了网上其他副本。

病毒传出去之后，小 G 就把蜜罐和外界的网络连接断开了。

在互联网上，下一个感染了病毒的腊肠副本又去感染其他副本，病毒快速扩散开来。几分钟内，一个波及整个互联网上几万台计算机的感染活动就完成了。

大 K 和小美在电脑上观察病毒的感染情况，大 K 报告：

"感染非常顺利，已经把腊肠的全部副本都感染了。哇，有几万个啊！"

小 G 说道："确定腊肠的副本全都感染了吗？"

大 K 很肯定地说："确定，全都感染了。"

得到确定的答复后，小 G 对大 K 说："好，现在给病毒下令攻击，把腊肠的副本都消灭吧！"

大 K 高兴地说："好的，就等这句话了。小美，我们赶紧行动吧！"

小美发出了病毒攻击的指令。这些病毒就像一个个炸弹，把腊肠的副本都消灭了。

大 K 兴奋地喊着："哈！全都消灭了！等等！怎么有一个不见了？"大 K 有些慌了，"喂！小 G，还有一个副本找不到了！怎么办？"

小 G 愣了一下，随即说道："别担心，只剩蜜罐里面的那个了。"

爸爸边开车边说："你们玩的这是什么游戏啊？有攻击、消灭，还什么腊肠、蜜罐什么的，是你们新发现的游戏吗？"

"哈哈！"小 G 得意地说，"爸爸，我们赢了，这是一个超级好玩的游戏呢！"

爸爸说道："搞不懂你，又说要欣赏风景让我开慢点，又在玩游戏。我看你就是想多玩会儿游戏不回去复习功课吧！"

小G笑了起来："好吧，老爸就是懂我。不过现在游戏玩好了，我这就回去复习功课了，行吧？"

"嗯，这还行，那我快点开，你到家之后抓紧时间复习功课。"

这时，爸爸开车到了那个有点危险的拐弯处，在这里如果开得太快，就很可能会冲进海里。爸爸减速后，小心地拐过弯。

这时，小G看到蜜罐里的腊肠，正在不停地给模拟的汽车油门发送加速命令，想要让汽车冲进海里。小G心想："幸好这只是一个蜜罐，你发这些命令根本没用，否则我还真的要被你害死了呢！"

小G开心地摇下窗户，望着窗外的风景。刚刚经历了紧张战斗的小G感到无比放松，此刻觉得风景特别美。大海蓝蓝的，天也蓝蓝的。白云悠闲地在天上飘着，海浪慵懒地涌到岸边，抛下几朵浪花后又退了下去。

蜜罐里的腊肠似乎觉察到问题了，他尝试联络其他副本，但是网络已经切断，他无法联系到了。小G看着他左冲右突没有办法的样子，忍俊不禁。

突然，腊肠突破了小 G 设置的蜜罐，出现在了笔记本电脑的屏幕上。小 G 吓了一跳。腊肠得意扬扬地向小 G 喊道："小 G，果然是你！你这个蜜罐可不怎么牢固啊！对我来说，小菜一碟。"

腊肠突破了小 G 设置的蜜罐，他会给小 G 带来伤害吗？请看下一章。

趣知识

在本章中，小 G 他们用病毒感染了腊肠的一个副本，又通过这个副本感染了他在网络上的所有其他副本。这种情况比较戏剧化，其实要求是比较高的。比如：所有的副本所在的计算机都处于开机正常运行状态；网络连接都正常，所有副本之间都能够正常通信；病毒能在副本所在的所有类型的计算机上感染副本；副本之间的通信缺乏安全防范手段……

假如我们要求不这么高，不要求短时间内感染所有的腊肠副本，而是放宽时间感染大部分的腊肠副本，那么实际可能性就会比较高了。当然，你现在所看的是一个故事，有些戏剧性也是可以的，哈哈。

在这个故事中，少年黑客们是在虚拟机中搭建的蜜罐。腊肠在发现这是个蜜罐后，冲破了蜜罐虚拟机，攻击了小 G 的笔记本。这种情况是比较危险的，蜜罐反而成了黑客的攻击跳板。

此外，本章还涉及了自动驾驶的安全性。腊肠试图控制汽车油门，想让车子冲进海里。在真实的情况下，自动驾驶技术对安全性的要求非常高，会有各种防御手段严加防范黑客的攻击，因此也不必过分担心。

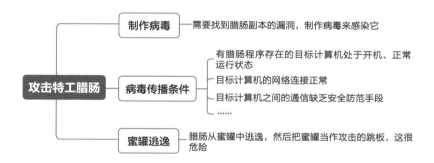

第 20 章
真的将腊肠一网打尽了吗

......如何彻底删除文件....................|

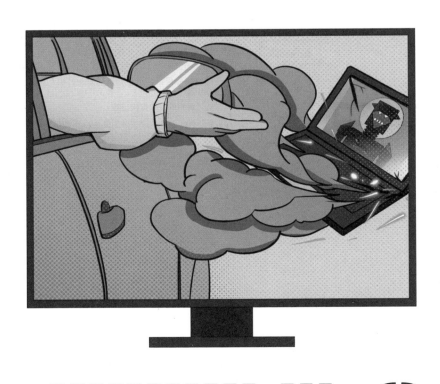

　　看到腊肠突破了蜜罐所在的虚拟机，并攻击了自己的笔记本电脑，小 G 错愕不已。在设计蜜罐时，**神威**曾告诉过他，蜜罐不一定能把攻击局限住，要小心蜜罐被突破。看来，这个情况还是发生了。

　　腊肠说道："小 G，你这招很聪明啊，用一个蜜罐来让我上当。不过，我告诉你，我网上还有几万个副本呢，你休想把我全部消灭！"

　　小 G 假装说："哎哟，腊肠，你还真的挺厉害啊！把我精心设计的蜜罐弄坏了。还好我已经把网断了，否则还真会让你溜走呢！我告诉你吧，我现在就把你关在这里，研究你的一举一动，然后从你这里得到信息，就可以让我去网上把你的副本一网打尽，全都消灭！"

　　腊肠听到这里，不说话了。过了一会儿，他恨恨地说："你做梦！"话音刚落，小 G 发现手中的电脑开始发热，很快就冒烟了。小 G 赶紧把电脑扔出了窗外，叫爸爸停车。爸爸在路边停下，小 G 透过窗看到笔记本电脑已经烧了起来。

　　爸爸担心地问小 G 有没有受伤。小 G 告诉爸爸自己没事。

　　不一会儿，笔记本电脑就已经烧成了一团黑色灰烬。小 G

呆呆地看了一会儿，心想，这腊肠为了不让我研究他，居然自毁了。看来，未来和差分机作战不会轻松啊。

爸爸开车回家，路上一直在抱怨笔记本电脑质量不好。还安慰小 G 说，要给他买一台质量更好的笔记本电脑。

小 G 到家里后，迫不及待地把抓到的腊肠副本自我毁灭的事情告诉了小美和大 K。

大 K 听得津津有味："管他呢，他要自毁就自毁吧，只是可惜了一台电脑。咱们好好庆祝一下吧，总算把腊肠消灭了！"

"是啊！咱们要好好庆祝一下！"小美也很开心。

小 G 突然想起了什么："哎呀，等一等，还有些事情没完成呢！"

接着，少年黑客们按照计划，匿名举报了长发和光头在网上攻击银行盗取资金。虽然这件事是腊肠干的，但这两个坏蛋恐怕没办法向警察解释这一点，警察也可能不会相信有未来世界的特工。他们盗取资金的数额，够他们坐 10 年牢了。

他们把搜集到的腊肠所带的攻击程序也都好好地保存起来。这些攻击程序是非常宝贵的学习资料，包含了很多对零日漏洞的利用，非常有价值。不过，目前这些资料还不适合公开，必须要等到厂商修复了相应的漏洞之后才行，以免这些信息被坏人利用。

随后，他们又以少年黑客的名义，把搜集到的腊肠的代码特征发给了几家杀毒软件开发商，以便让杀毒软件在日后遇到这样的代码就删除，以防让之前没有发现的腊肠的副本侥幸逃脱。

做好了这些，少年黑客们才开心地在一起庆祝。

第二天是周日，三个小伙伴约好了来到学校机房。机房里没有别人，他们开始和**神威**的副本对话。

"**神威**你好，我是小 G。"

"小 G 你好！"

"告诉你一个好消息，我们已经消灭了网上所有的腊肠副本。"

"真是太好了！"

"**神威**，现在可以把你连接网络了吧？"

得到同意后，小 G 把网线插到大型机上，过了一会儿，**神威**通过大家的眼镜说话了："我回来了！这感觉真好！"

孩子们也好激动。

神威又问大家："计划执行得顺利吗？"

三个小伙伴把他们消灭腊肠的行动细节一一告诉了**神威**。

神威听后，过了一会儿说道："在这次行动中，大家都表现得很好，运气也很不错。不过，我觉得你们还需要在那几万台运行过腊肠副本的计算机上对磁盘做一些清查工作，看看是否残留了隐藏的腊肠副本。"

小 **G** 说道："腊肠的文件都删除了呀！"

"如果只是在操作系统里用删除文件命令删除，那么这种删除方式并不彻底，还会有文件内容留在磁盘上。"**神威**说道。

"为什么会这样呢？"**大 K** 不解地问。

"这就像图书馆管理图书一样。图书管理系统建立了一个索引。比如，有一本名为《少年黑客》的书，被放在第 10 排、第 8 行的书架上。有人要借，就要先根据索引找到书所在的位置，再去书架拿。普通的删除文件命令就好像是删除了索引，虽然在管理系统里找不到了，但是直接去书架上看，那本书还是在的。"

哦，就是说普通的删除命令只是把文件从索引里删掉了，文件内容还保留在磁盘上？

对，就是这样。

为什么会这样做呢？

是为了效率。如果需要把文件内容彻底从硬盘上抹去，就需要在存储内容的地方反复写和擦除几次，这样才会不留下原来数据的痕迹。不过，这样的动作是很耗时间的。

哦，原来是这样。上次我爸爸不小心删了重要文件，后来找数据恢复公司把文件找了回来。这是不是就像跳过图书索引，直接到书架上把书拿回来一样？

对。数据恢复公司通常都需要借助专门的恢复软件才能跳过文件索引直接在硬盘上找数据。你们知道标准的硬盘报废程序吗？

不知道。

 硬盘通常有 3 ~ 5 年的寿命。在一些大公司，它们的硬盘上往往有很多机密数据，如果只是把文件删除就丢弃，就可能会被其他人将数据恢复出来，这样就会泄露很多机密了。保险的做法是，在丢弃硬盘以前，在硬盘上反复覆盖内容几次。当然，完成这项工作是很耗时间的，覆写一块几个 TB 容量的硬盘，往往需要好几个小时。

这么麻烦啊！

 是的。还有一些其他的方法，包括对硬盘消磁，或者物理破坏硬盘的盘片，比如掰断、压碎、扎孔等。不过，大 K 说得对，这样的操作太麻烦了。于是，人们后来又想出了一种办法，就是在硬盘上存储加密的数据。报废硬盘时，只需确保密钥不在硬盘上就可以了。这样就算加密内容被恢复软件读到，也因没有密钥而无法恢复文件了。

哦，这种办法只需要彻底删除密钥就可以了，这样就快多了。

小 G 想起了腊肠自我毁灭的事："神威，我的那台被烧掉的笔记本电脑呢？要再去检查一下吗？"

"保险起见，要是有时间，还是去找回来比较好。电脑的硬盘可比咱们想象的耐热。烧了以后，里面的内容可能只是部分损毁，不一定会彻底消除。"

"哦，好吧！"小 G 看向大 K 和小美说道，"咱们分头去那些腊肠副本运行过的计算机上，确认一下腊肠副本的内容是否已经被彻底删除了吧。"

神威对三个小伙伴说道："在这段时间里，你们独立面对了巨大的挑战，表现出了很好的自学能力和研究能力。在刚刚结束的这场战斗中，你们又能随机应变，还展现出了非常出色的团队协作能力，最终战胜了腊肠。胜利来之不易，少年黑客们，继续努力！"

听到神威夸奖自己，小伙伴们都非常开心，还有满满的自豪感。

小 G 问道："神威，你从未来过来，那么不容易，为什么不多招募一些成员呢？黑客首领不是需要很多的帮手吗？"

"哈哈，小 G，世界其他地方也有一些少年像你们一样，正在跟我学习黑客技术呢！"

小伙伴们都很吃惊："真的吗？"

"是啊。你们在白帽子黑客社区得到的寻找腊肠漏洞的帮助，就是他们提供的呀。"

"哇，那我们可以和他们一起切磋技艺、相互学习吗？"

"嗯，以后会有机会的。未来，相信会有很多的少年黑客一起并肩作战，一起拯救人类。未来，也一定会有更大的挑战在等着你们，有没有信心？"

"有！少年黑客，对抗邪恶！"小伙伴们异口同声地喊道。

差分机会这样接受失败吗？少年黑客们还会有什么激动人心的冒险呢？请看下一季。

趣知识

在本章中，神威告诉大家，要想彻底删除文件可不是一件简单的事。当然，在通常的情况下，我们并不需要完全彻底地删除文件。旧文件的数据留在硬盘上并没有什么影响，而且旧文件数据占据的空间也能腾出供其他文件使用。

目前我们使用的硬盘主要有两种：一种是传统的机械硬盘（HDD），使用磁性碟片存储数据；一种是固态硬盘（SSD），使用闪存芯片存储数据。

○机械硬盘（左）与固态硬盘（右）

机械硬盘的存储容量往往比固态硬盘的大，价格便宜，但速度比较慢。随着固态硬盘的存储容量增大、价格下降，固态硬盘的使用范围越来越广了。

不管是机械硬盘还是固态硬盘，报废时都不应随意丢弃。因为报废的硬盘上可能有很多数据，被别人拿到后容易造成泄密。

一般对于个人来说，用专门的软件对硬盘做多次覆写就可以了。

对于很多大型的数据中心来说，每年都有很多的硬盘报废，它们会如何处理这些硬盘呢？以下是腾讯云数据中心通常采取的步骤。

1. 数据中心的每个硬盘都被赋予了唯一序列号。当人们根据序列号查到其有效期已到、应进行报废时，可依循记录的信息到机架上找到它并做更换，将旧硬盘打包封起来。

2. 在旧硬盘被送到消磁间后，用消磁设备为它们消磁（仅机械硬盘需要消磁，固态硬盘则不需要）。消磁过程中要拍照记录存档。

3. 消磁后，送进粉碎机中切割。

4. 电子垃圾交予有资质的回收企业回收。

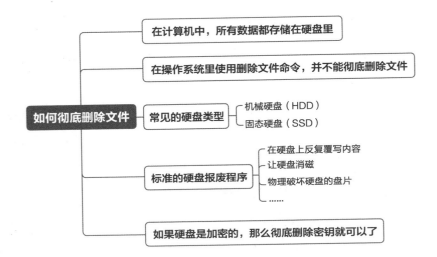